电商美工设计及应用

高职高专艺术学门类
"十四五"规划教材

职业教育改革成果教材

■ 主　编　向明月　肖　丹　刘翠莲

■ 副主编　龚　芳　黄子宸　仉风杨　唐　丹

A R T D E S I G N

華中科技大學出版社
http://www.hustp.com
中国·武汉

图书在版编目(CIP)数据

电商美工设计及应用/向明月,肖丹,刘翠莲主编.—武汉:华中科技大学出版社,2021.7(2023.8 重印)

ISBN 978-7-5680-7185-7

Ⅰ.①电… Ⅱ.①向… ②肖… ③刘… Ⅲ.①图像处理软件 Ⅳ.①TP391.413

中国版本图书馆 CIP 数据核字(2021)第 103758 号

电商美工设计及应用 向明月 肖丹 刘翠莲 主编

Dianshang Meigong Sheji ji Yingyong

策划编辑:江 畅

责任编辑:李 弋

封面设计:优 优

责任校对:刘 竣

责任监印:朱 玢

出版发行:华中科技大学出版社(中国·武汉) 电话:(027)81321913

武汉市东湖新技术开发区华工科技园 邮编:430223

录 排:武汉创易图文工作室

印 刷:湖北新华印务有限公司

开 本:880 mm×1230 mm 1/16

印 张:9

字 数:290 千字

版 次:2023 年 8 月第 1 版第 2 次印刷

定 价:49.00 元

序
Preface

电商美工是网店或网站页面编辑美化工作者的统称，需要精通 Photoshop、AI 等设计软件，熟悉平面设计（包括色彩基调的统一及创立新意等处理），主要负责店铺的形象识别系统设计、网站视觉的优化、产品宣传画册、电子商务专题设计等工作。

随着电商行业发展势如破竹，小而美的店铺越来越多。这些店铺吸引人的主要方式就是网页上那一张张精美、个性化或者大气的宣传图片。一个有远见的电商店主，必然会将电商美工纳入自己的发展体系。本教材采用工学结合、项目引导的模式，采用任务驱动、任务导向，立足学生特点，做到具体情况具体分析，用最合适的理念和体例来进行编写，力求使教材适应专业人才培养方案的需要。所编教材全面反映当前教学改革的成果，切实体现新的教学理念，采用理论、实践和素质教育相互融合的课程体系。本教材由优秀的院校老师牵头，带领各地各类院校共同组编，将教改要求和成果融入其中，反映最新教学理念、要求和发展趋势，体现了兼收并蓄的思想，层次分明，能满足不同层次和水平的教学要求。

龚芳

2021 年 6 月于湖南

目录
Contents

项目一　走近电商美工　/ 1

项目二　店铺装修　/ 9

任务一　商品素材和工具的准备　/ 10
任务二　商品基本拍摄流程　/ 16
任务三　电商美工常用的色彩搭配　/ 28
任务四　字体设计　/ 37
任务五　网店布局　/ 42
任务六　电商美工文案编辑　/ 46

项目三　店铺页头设计　/ 55

任务一　Logo 设计　/ 56
任务二　个性化店招与导航设计　/ 64

项目四　首焦(Banner)海报设计　/ 71

项目五　商品陈列与收藏视觉设计　/ 83

任务一　商品陈列　/ 85
任务二　收藏区视觉设计　/ 88

项目六　产品直通车、主辅图设计　/ 91

项目七　辅助模块及页尾模块　/ 103

任务一　客服区的设计与制作　/ 104
任务二　优惠券——引流技巧　/ 110
任务三　规范的页尾设计　/ 112

项目八　商品详情页设计 / 117

项目九　自定义页面设计 / 131

任务一　自定义页面的创新设计 / 132
任务二　单独促销活动页的设计 / 135

项目十　手机端店铺及设计 / 137

参考文献 / 138

项目一

走近电商美工

随着电商的飞速发展，很多行业也应运而生。现在市面上最热门的电商行业当属电商美工，那么在电商发展中为什么电商美工会发展得如此好？主要是因为电商美工涉及的范围不仅仅包括购物平台，而且还有平面设计和网页设计等方面。电商美工是个开放性很高的岗位。只有想不到，没有做不到。而设计的前提是你的设计是否符合平台需求。本章整理了一些电商美工会经常用到的常识，分享给大家。

项目知识点

电商美工的岗位职责；
电商美工的工作意义；
电商美工的工作内容；
电商美工的工作流程。

项目技能点

了解电商美工岗位的职业发展；
熟悉网店需要的装修内容，并能列举出来；
了解网店装修的流程，明白装修前需要注意的工作事项；
熟悉店铺装修基本组成内容。

实训内容

上网收集任意一个品牌的店铺，分析其美工设计的工作内容。

任务展开

1. 活动情景
收集任意一家购物平台店铺的有关文字、图片、实物资料；
分组进行讨论；
对所选择物的每一个步骤所展示的信息进行记录。
2. 任务要求
充分理解对美工设计的要求。

考核重点

对岗位职责的认知能力。

一、电商美工的岗位职责

电商美工是网店或网站页面的编辑美化工作者的统称，主要负责网站页面设计和美化、网店促销海报制作、把物品照片制作成商品描述中需要的图片、设计电子宣传单等。电商美工的工作内容狭义上又被称为网店装修，顾名思义就是对网络上的店铺进行美化，即在网络平台允许的结构范围内，尽量通过图片、程序模板等装饰，让店铺更加美观。爱岗敬业、忠于职守的事业精神是职业道德的基础，在履行电商美工的岗位职责时，要做到热爱自己的工作岗位，热爱本职工作。

很多人对电商美工的认知仅仅停留在图片处理、页面美化和店铺装修上，其实电商美工是集平面、色彩、基调、创意等为一体的技术型人才，是一个产品级的平面设计师。电商美工通过有针对性地对某一个商品图片或主题海报进行技术处理，让顾客在浏览时产生购买欲，从而达到提高店铺点击率和店铺销量的效果。

电商美工除负责网店的店面装修、商品图片的创意处理外，与普通的美工相比，其对平面设计与软件应用的要求更高，具体的工作范畴如下。

（一）设计出属于自己店铺的特色

一个优秀的电商美工的工作不仅仅是将图片处理后添加到购物平台自带的装修模块中，还应能在固有模块中融入创造性思考，发现设计的新视角，形成独一无二的装修风格，给顾客留下深刻的印象。只有展示出自己店铺的特色才能够吸引更多的顾客驻足，从而提高点击率，增加交易量。

所以美工在店铺装修时，设计出属于自己店铺的特色是成功的第一步。

（二）对商品图片进行美化和修饰

使用相机拍摄商品的原始图片是不能直接呈现在网店中的。为了更好地展现商品的效果，对商品图片进行美化和修饰是必不可少的。但需要谨记的是，图片不可过度美化，须保持图片本真，让顾客乐意接受才是最重要的。

（三）促销活动的设计

电商美工在设计活动页面时，除页面美观外，还要注意设计效果必须契合活动主题，突出活动亮点。为了达到与众不同的效果，从竞争激烈的店铺页面中脱颖而出并得到顾客青睐，活动页面的设计十分重要。此时，优秀的电商美工更需要透彻理解活动，通过店铺活动页面的设计将活动意图传达给顾客，让顾客了解活动的内容、促销的力度，促使顾客产生购买的欲望，从而促进销量的提升。

（四）宣传文案的编写

为加深店铺在顾客心中的印象，获得认同感，活动海报的设计不仅需要在现有的标准下有效地向顾客传达设计的意图，还要体现产品的价值，所以，宣传文案的编写也需要言之有据，让顾客能够快速理解，并对其产生深刻的印象，这就对电商美工人员提出了更高的要求。

二、电商美工的工作意义

网店的美工其实就是指网店的装修，它与实体店的装修目的相同，都是为了店铺变得更美、更吸引人。如何装修也是因人而异、见仁见智的事情。正所谓“三分长相，七分打扮”。只有独具匠心的网店装修才能打动顾客，增加网店销售量。具体来说，网店装修至少能够带来以下四个方面的收益。

(1)延长顾客在你的网店的停留时间。增加网店的诱惑力、增强网店的形象、打造网店强势品牌。

(2)漂亮恰当的网店装修，给顾客带来美感。顾客浏览网页时不易疲劳，自然会细心查看你的网店。

(3)好商品配诱人的装饰。好的商品在诱人的装饰品的衬托下，会使人更加不愿意拒绝。

(4)好的精品网店，也有利于网店品牌的形成。装修精品网店，传递的不仅是商品信息，更是店主的经营理念、文化理念等，这些因素都会给你的网店形象加分。

三、电商美工的工作内容

网店首页是店铺的门面和形象。首页的装修效果会直接影响顾客对店铺的第一印象。其内容主要还是要看店家在装修店铺的时候是怎样设置的？添加了哪些板块？上面会有哪些内容？一般来说首页会展示店铺的一些畅销产品或推荐产品，以及店铺相关信息和商品查询等内容。一般网店首页装修主要包括店招、导航、通栏、分类、海报、产品展示、客服、推荐、活动展示、收藏等内容。除此之外，还有商品详情页的设计等。

美工在进行店铺装修时需要掌握的技术和工作内容有很多，下面以相关图片来说明其主要的工作内容。

(一)店铺活动

店铺活动在营造促销氛围、渲染店铺特色、制作促销活动通告、新款上线预告、主推款式海报设计、大促时可以考虑加入关联营销(图 1-1)。

图 1-1　店铺活动

(二)模特图＋文案

“模特图＋文案”是模特展示商品试用效果，并配以相关文字的一种形式，以激发顾客的购买欲(图 1-2、图 1-3)。

图 1-2　模特图＋文案

图 1-3　“女神节”模特图＋文案

(三)产品图+推荐理由

展示商品全貌和产品各种型号。图 1-4(a)展示了化妆品的相关信息和其有润色亮白、遮瑕隔离、保湿补水的推荐理由。图 1-4(b)展示了手表的盘面，同时描述了其具有防水升级、重陀动力机芯等产品信息和推荐理由。

(a)

(b)

图 1-4 产品图+推荐理由

(四)细节图

细节图可以突出商品亮点，清晰展示其组成成分。需要注意网店商品文案描写的事项(见图 1-5)。

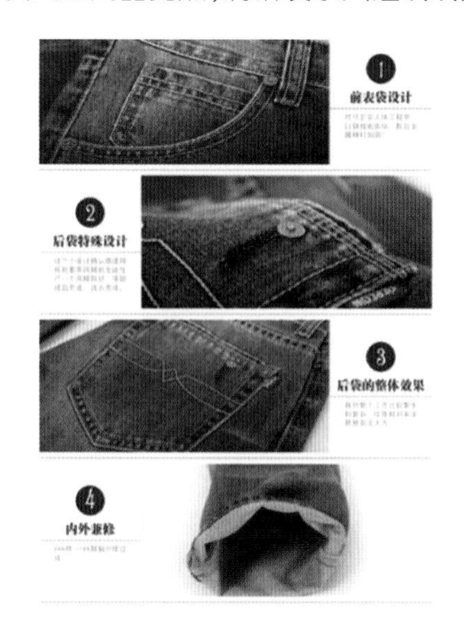

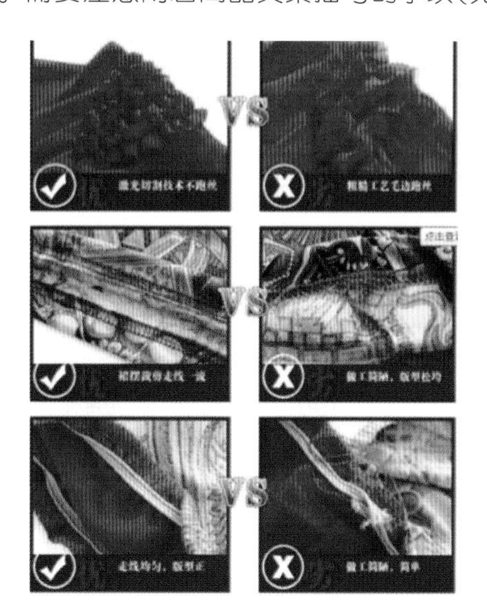

图 1-5 细节图

(五)相关推荐+店铺其他说明

“相关推荐+店铺其他说明”这部分内容包括搭配单品、系列款式的推荐，物流、退换货和导购信息的说明。店家可根据自身需要来制作。

图 1-6 为淘宝店铺装修的基本组成内容，店家可根据自身的情况进行一些调整。图 1-7～图 1-11 为“碧

欧泉”化妆品牌的店招＋导航条＋轮播海报、商品陈列、店尾、橱窗、详情页的设计。

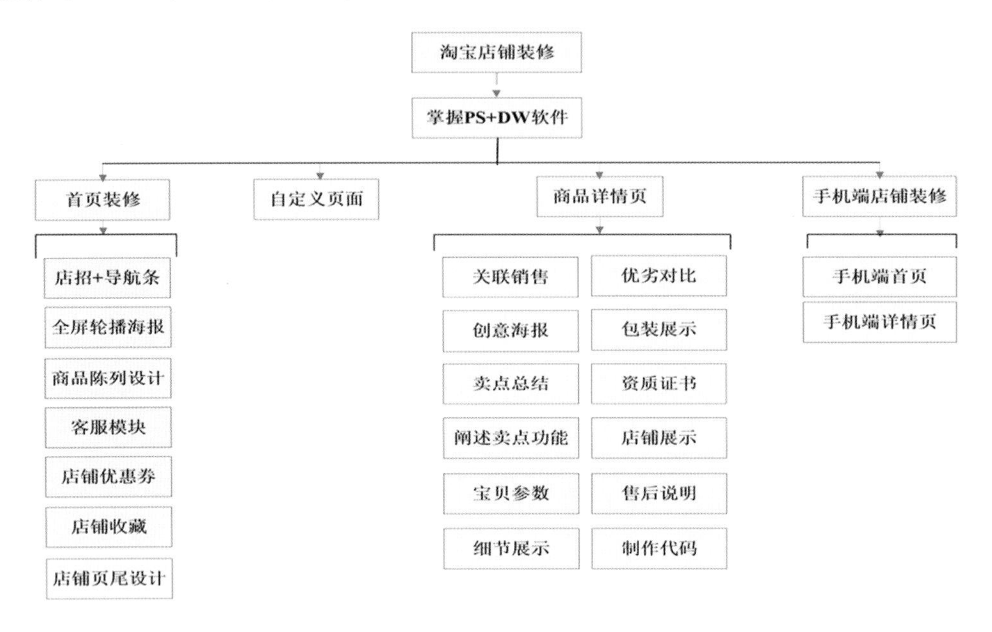

图 1-6　淘宝店铺装修基本组成内容

图 1-7　店招＋导航条＋轮播海报

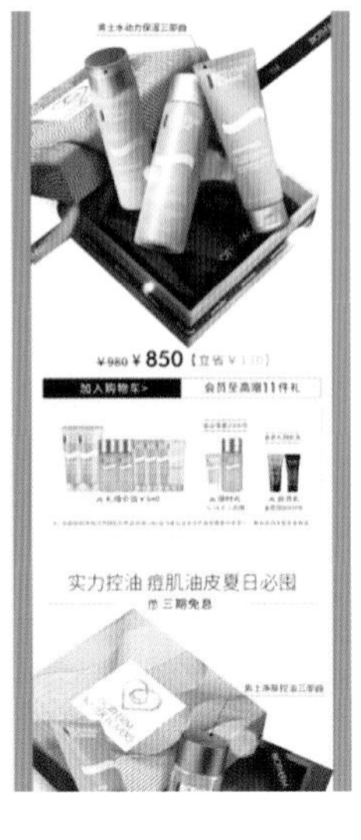

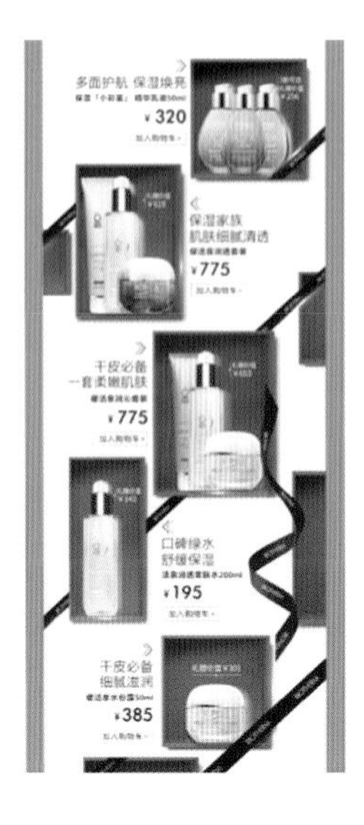

图 1-8　商品陈列

图 1-9 店尾

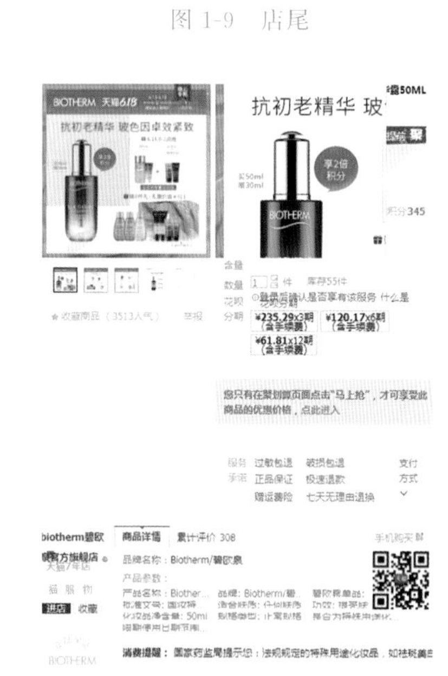

图 1-10 橱窗

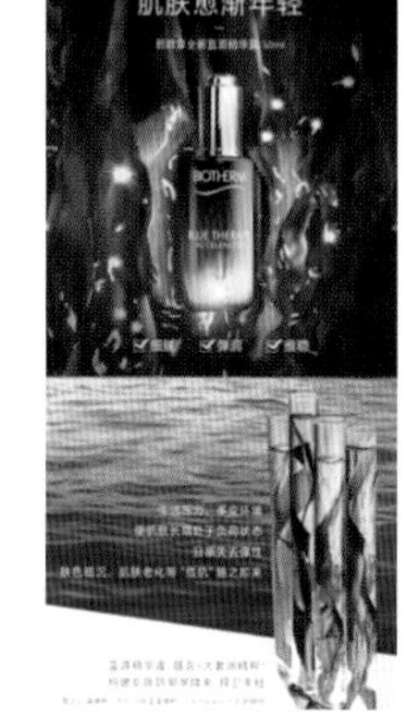
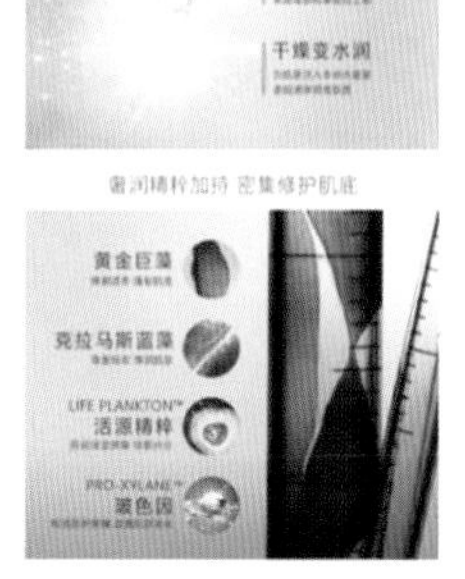

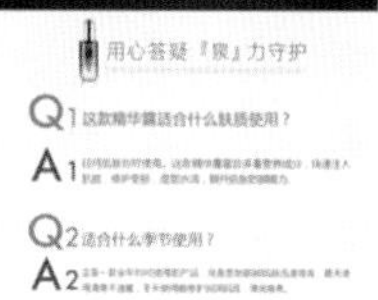

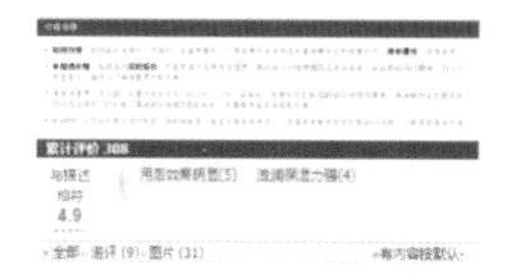

图 1-11 详情页

四、电商美工的工作流程

(一)接受任务

电商美工在接受公司美工任务时需要与运营部门沟通,主要了解本次任务的活动方案,包括主题、目标人群、优惠信息等。

(二)规划布局

无论任务是需要制作网店首页,还是宣传海报,或者是详情图等,都需要先对任务做一个大致的规划。如果是网店首页,则需要规划网店的色彩及店招、导航栏、客服区、商品展示区等模块的具体位置;如果是宣传海报与详情图等单图任务,则需要规划模特位置、文案等。总之就是对任务中出现的模块、设计元素等都要做到心中有数。

(三)收集图片素材

根据规划的内容,多渠道收集与任务相关的图片素材。作为电商美工日常生活中要有收集素材的意识。

(四)制作网店首页、详情图

根据任务制作店铺的相关模块,包括制作店招、导航栏、客服区、商品展示区、页尾、详情图等相关模块元素。

(五)线上发布

制作好首页、详情页等图后与后台程序员沟通交流,让后台程序员为其添加 HTML 代码,上传至公司网站并测试。

(六)完成任务

整理相关资料,做好备份,以备后期进行资料查询。

项目总结

电商美工是网店或网站页面的美化工作者的统称,需要精通 Photoshop 等设计软件,能对平面、色彩、基调、创意等进行处理。主要负责公司形象包装、网站优化、产品宣传画册、电子商务专题设计等工作。

电商美工首先要具备书写、绘画插图、色彩搭配、版式变化等能力,其次要具有市场营销方面的知识,懂得产品的卖点定位,能够在较短的时间内将一件商品的突出优点或特性,用较少的文字、简单的图画绘制在海报上,使消费者一目了然,并在海报的引导下产生购买欲,做出购买的决定。

思考与练习

1. 根据电商美工的工作内容,收集化妆品店铺的相关素材资料,对所选择物的每一个步骤所展示的信息进行记录,制作成 PPT,分小组进行讨论与展示。

2. 电商美工的工作流程有哪些?

项目二

店铺装修

项目知识点

装修素材和工具的准备；
商品基本拍摄流程；
电商美工常用的色彩搭配；
字体设计；
网店布局；
电商美工文案编辑。

项目技能点

商品的拍摄及图片的处理技术，以及店铺装修所包含的配色、布局、字体、文案设计的原则和技巧的训练，能根据不同店铺的特色，设计出消费者所喜爱风格的店铺。

实训内容

为自己拟经销的一件商品模拟在淘宝店铺上进行销售，对其进行电商美工设计；
对该商品进行拍摄，并进行后期图像处理；
根据商品的类别，对店铺进行风格确定、色彩搭配和页面布局。

任务展开

1. 活动情景
分组进行讨论，各自对拟经销的商品进行淘宝店铺的模仿设计，并写出设计思路；
收集有关文字、图片、实物资料，对所选商品进行拍摄；
将所选资料进行平面化处理，并记录每一个步骤所展示的信息；
进行店铺装修设计。
2. 任务要求
掌握店铺美工设计的各项要求；
分析和处理美工设计中出现的不和谐因素。

考核重点

对图片处理、色彩搭配、页面布局的能力。

任务一
商品素材和工具的准备

假如你决定在网上售卖女装，在网店装修时你首先会遇到的问题是商品的图片从何而来？图片该如何制作？

一、寻找商品图片

(一)由生产厂商提供相关商品图片

生产厂商在提供商品给分销商的同时,还为分销商提供拍摄好的商品图片。

(二)自己拍摄制作

自己拍摄制作商品图片时,可以根据商品的特点去布置模特、图片造型、角度、卖点和场景等。通过这个方式来获得商品图片,虽然耗费时间和精力,但都是自己亲手拍摄,保证了图片的原创性,同时也提升了自身的拍摄制作能力。

在网店做营销,就是卖图片!图片的好坏,直接影响转化率!因此所拍摄出的图片需保证高清、尺寸无变形(图 2-1)。

直接下载同行相同商品的图片有可能会受到原商家的投诉,或者受到电商平台的惩罚,千万要注意!

图 2-1 图片清晰对比

二、商品照片的拍摄与处理

网店装修之前,首先要拍摄大量的商品照片。当一件商品以图片方式在消费者面前展示的时候,消费者无法接触到真正的商品,那么这个时候,商品的某些物理性的魅力就无法被消费者感触到(如商品的材质、重量等),这就对商品图片提出了更高的要求。商品图片要有足够的美感来打动消费者,可以从不同的角度拍摄商品,力求展示出商品的更多细节。图 2-2 是从不同角度拍摄的手表的各个部位的细节图。

在拍摄商品的过程中,有时为了让商品的色泽和质感更加接近人眼所看到的效果,还需要自己布置简易的拍摄场景(图 2-3),让拍摄中的光线满足我们所需要的强度,使得照片中的商品更加完美地展现出来。

除了要准备商品的细节图,大多数时候为了展示商品的使用特效,让消费者更直观地感受到商品的实物效果,还会拍摄模特使用或者穿戴商品的照片。某品牌冬靴的拍摄效果及模特展示效果分别如图 2-4、图 2-5 所示。通过对比发现,模特穿上鞋子之后的照片使商品增添了亲和力,让消费者更能真实地感受到商品的实用性。

图 2-2 从不同的角度拍摄手表，力求展示出手表的更多细节

图 2-3 拍摄场景

图 2-4 没有模特的效果图

图 2-5 有模特的效果图

完美的网店装修设计，在画面中除了商品形象的展示、模特的展示以外，还需要一些其他的素材图像来加以辅助表现(见图 2-6)。因为整个网店装修设计好像一则完整的商业广告，修饰素材往往会让画面更加绚丽，且更能表达卖家想要展示的商品优势。例如，森林风格的店铺会选用色彩清新淡雅的矢量植物作为修饰，而可爱风格的店铺会选用外形可爱且色彩多变的卡通人物进行点缀，这些素材的添加会让网店装修的整体效果显得更加精致。

图 2-6　修饰素材效果图

除了为商品添加素材以外，对于网店装修的各个模块及界面而言，未添加背景(见图 2-7)和添加背景的设计效果(见图 2-8)在视觉效果上的展现是完全不一样的。所以为了让其细节展现得更加完美，还需要为商品设计出符合画面风格和主题的背景。

图 2-7　未添加背景效果图

图 2-8　添加背景效果图

网店的装修设计是一项较为精细和烦琐的工作，我们需要对拍摄的照片和收集的素材进行一系列的整理、修饰、美化和组合，最终才能完成设计。

三、装修工具的准备

网店装修素材的收集可以与装修设计同时进行，而素材的类型也是多种多样的，包括底纹、花饰、剪影、箭头、按钮等，而文件的格式也可以相对自由，只要在制图软件中可以进行编辑即可。

(一)准备商品图片拍摄工具

(1)数码相机。配备数字成像元件的相机统称为数码相机。因此数码相机可以定义为是一种拍摄工具,它将拍摄的数码图像存储在存储卡等数字存储介质上,将这些数码图像传输到计算机上,就可以使用图像编辑软件对数码图像进行各种编辑处理。

(2)拍摄辅助工具:数据线、读卡器、三脚架、摄影灯光设备、拍摄台等。

(3)数码相机三种图像格式:raw、tiff 和 jpeg。表 2-1 为数码相机图像格式优缺点的对比。

表 2-1　数码相机图像格式优缺点对比表

格　式	优　点	缺　点
raw	是一种通过读取图像传感器上的原始数据来记录图像的存储格式。不仅具有广泛的后期调整空间,而且在后期调整过程中并不会使原始图像产生损伤	占用空间大、后期软件兼容性差
tiff	是一种数码技术发展早期所使用的无损压缩格式,可以保存丰富的图像层次和细节,同时确保画面质量无损失	所占用的存储空间要明显大于 jpeg 和 raw 格式图像,因此在普通摄影领域里这种图像格式已经很少使用
jpeg	是人们在日常生活拍摄中使用较多的一种图像存储格式。jpeg 格式具有占用空间小、存储迅速、浏览方便、兼容性强等优点	会将图像中重复或者不重要的数据予以合并,这样就会使图像的质量受到一定影响

(二)准备美工软件工具

本任务是对数码摄影,以及对 Photoshop、Fireworks 和 Flash 等软件的使用进行介绍,使同学们对美工这一岗位有更好的认识,为将来从事电商美工做好充分的准备。

1. Photoshop

Photoshop 是一款平面的二维图像合成(处理)软件。它擅长于图形图像的处理,是对现有的图像进行艺术再加工及合成特殊效果的设计软件。数码相机拍摄的图片在导入计算机后可以使用 Photoshop 软件进行处理,加工成符合电商美工所需要的商品图片(图 2-9)。

图 2-9　Phtotoshop CS6 界面

2. Fireworks

用 Fireworks 软件可以将商品图处理成更适合网络的小图片。Fireworks 不仅具备编辑矢量图形与位图图像的灵活性，还可与 Adobe Photoshop、Adobe Illustrator、Adobe Dreamweaver 和 Adobe Flash 软件省时集成(图 2-10)。

图 2-10 Fireworks CS6 界面

3. Flash

随着互联网的广泛应用，Flash 动画制作软件以其文件小、效果好的优点而迅猛发展，它能整合文字、图片、声音、视频和应用程序组件等资源，具有强大的多媒体编辑功能。绘图和编辑图形、补间动画、遮罩是 Flash 动画设计的三大基本功能。补间动画是整个 Flash 动画设计的核心，也是 Flash 动画的最大优点(图 2-11)。

图 2-11 动画制作软件 Flash 操作界面

4. 美图秀秀

美图秀秀是一款免费的图像处理软件，与 Photoshop 相比，操作相对简单，下载也很方便。美图秀秀的界面直观，操作简单，基本是“一键操作”(图 2-12)，可以让用户快速制作出效果出众的照片。

图 2-12　美图秀秀操作界面

5. 光影魔术手

光影魔术手也是一款免费的图像处理软件，简单易用，不需要任何专业的图像处理技术，就可以对数码照片的画质进行改善及效果处理，能够满足大多数情况下对照片后期处理的需求(图 2-13)。

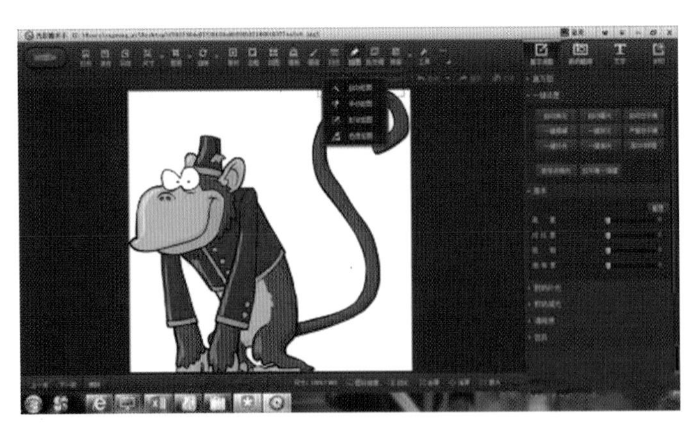

图 2-13　光影魔术手操作界面

任务二
商品基本拍摄流程

在实际拍摄前，摄影师有很多准备工作需要进行。只有前期工作做得好，才能拍出符合审美要求的商品照片，来激发消费者的购买欲。

一、构图知识准备

构图是造型艺术术语，即绘画时根据题材和主题思想的要求，把要表现的形象适当地组织起来，构成一个协调的、完整的画面。

对摄影构图的研究，实际上就是对形式美在摄影画面中具体结构的呈现方式的研究。形式美表现形式在摄影中也称摄影构图。

对于摄影师来说最重要的事情就是要想清楚到底什么东西才是自己想要拍摄的，以及怎样才能把它拍摄得富有魅力。

为了把商品拍摄好，不仅需要掌握各种不同的拍摄技术，还需要进一步考虑如何对画面进行取舍，也就是说需要摄影师带着构图意识去拍摄照片。

常见构图的表现形式如下所述。

（一）黄金分割法

黄金分割法指把一条线段分割为两部分，使其中一部分与全长之比等于另一部分与这部分之比（图 2-14）。其比值是一个无理数，取其前三位数字的近似值是 0.618，所以也称为 0.618 法。这个比例被公认为是最能引起美感的比例（图 2-15），因此被称为黄金分割比例。这个数值的作用不仅仅体现在诸如绘画、雕塑、音乐、建筑等艺术领域，而且在管理、工程设计等方面也有着不可忽视的作用。

图 2-14　黄金分割法

图 2-15　C 点就是黄金分割点

意大利数学家斐波那契根据黄金分割比例研究出了著名的斐波那契数列，然后根据斐波那契数列画出了我们现在看到的这个黄金螺旋曲线（图 2-16），也称黄金螺旋。黄金螺旋曲线就是我们在摄影当中经常会运用到的一种构图方法，它以黄金螺旋分割画面，或将拍摄主体放在螺旋中心处（图 2-17），这是非常符合人类审美的一种构图方法。

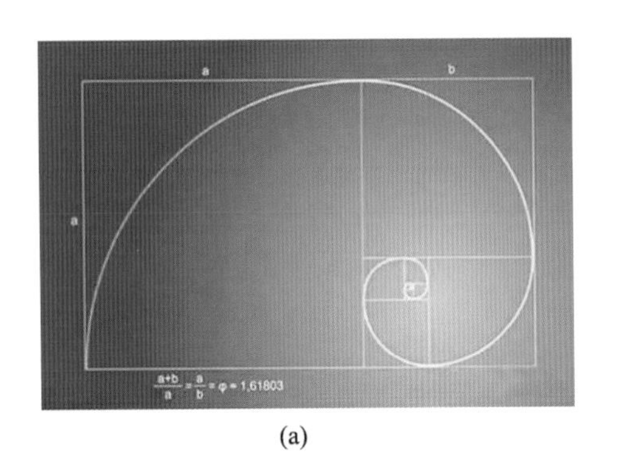

(a)

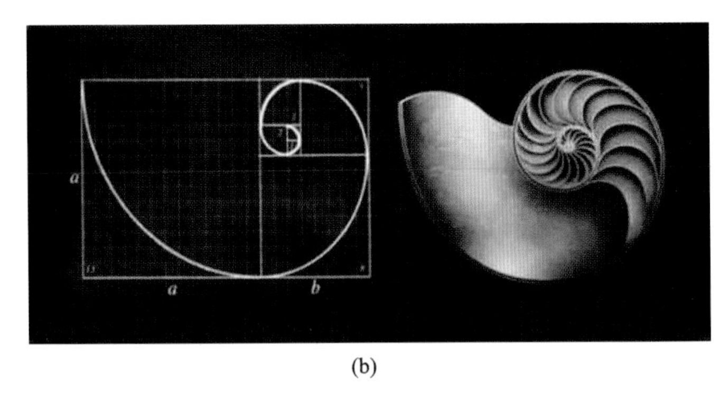

(b)

图 2-16　黄金螺旋曲线

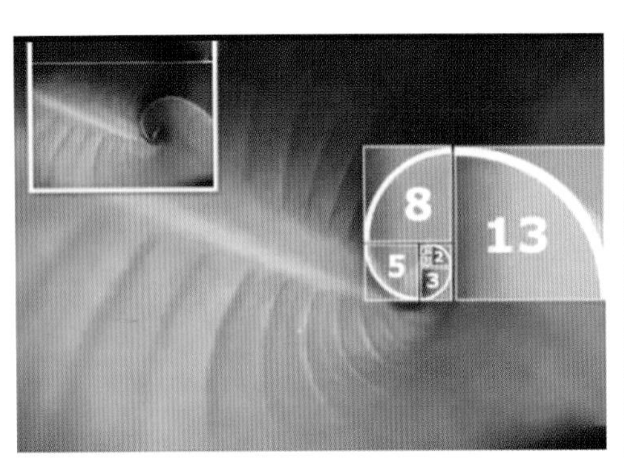

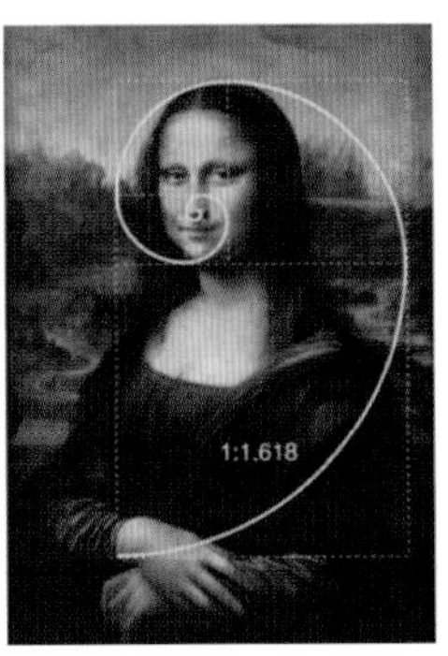

图 2-17　拍摄主体放在螺旋中心处

(二)三分法则

三分法则(图 2-18)实际上是黄金分割法的简化版,其基本目的就是避免对称式构图。对称式构图通常把被摄物置于画面中心,这往往令人生厌。黄金分割法相关的有四个点,用“十”字线标示,用三分法则来避免对称。

此外还有对角线构图、横线构图、曲线构图、不规则线构图等构图方式,运用得好,均可得到满意的效果。

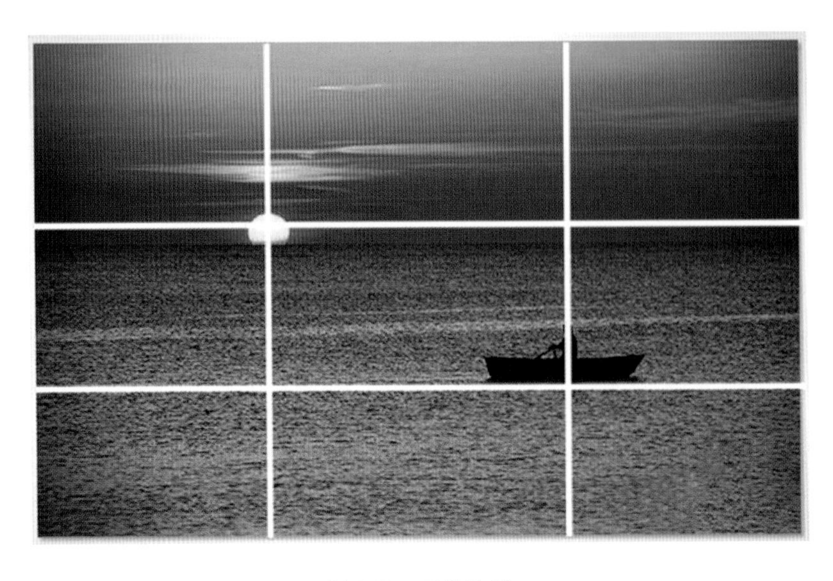

图 2-18　三分法则

二、拍摄前期，全面了解商品

（一）了解拍摄商品外观与外包装

在拍摄商品之前，首先要对所拍摄商品的特性、做工造型、颜色以及外包装进行认真观察与分析，从中发现形式规律，以便拍摄时选择适合的背景和拍摄角度，利于在拍摄时更好的用光和构图，通过镜头完美的展现商品。

商品的特性：主要有吸光体、反光体、透光体三种类型的商品。

吸光体：主要分为全吸光体和半吸光体两类(图 2-19)。

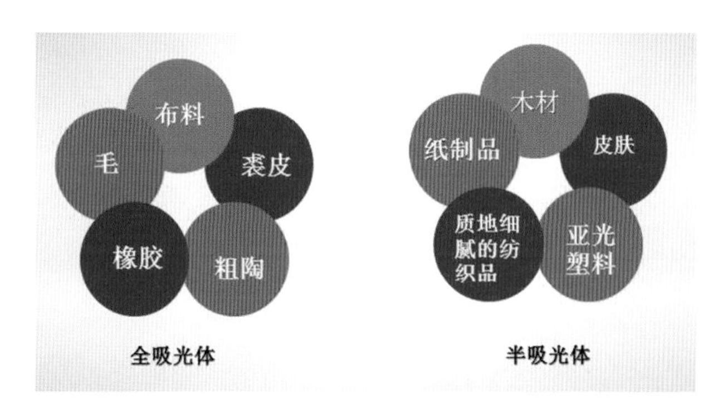

图 2-19　全吸光体、半吸光体

反光体：常见的反光体产品有指示牌、镜子、机械手表、极亮的油漆表面、不锈钢器皿、银器等(图 2-20)。反光体商品根据其光洁度高低大致也可以分为反光体(图 2-21)和半反光体(图 2-22)两类。

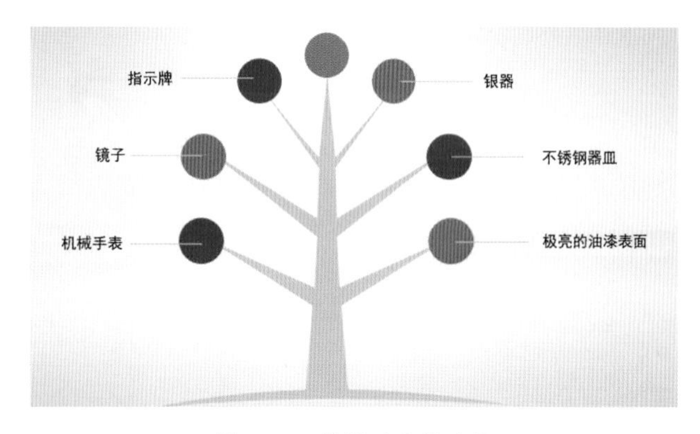

图 2-20　常见反光体产品

图 2-21　反光体

图 2-22　半反光体

透光体(图 2-23):指能够被光线直接穿透的商品。例如,玻璃制品、塑料饭盒等。

图 2-23 透光体

(二)了解商品特性与使用方法

除了要了解商品的外形特征,还需要通过仔细阅读商品说明书来熟悉商品的功能、配置特性、清洗和保存等,并掌握其使用方法,这样才能在拍摄过程中传达出商品最大的亮点和更多的卖点信息,并在照片后期处理时更好地配合文字对商品功能、操作步骤与特性进行详细讲解。

(三)确定整体拍摄风格

根据所拍摄的商品,可以寻找一些同类商品卖家的照片或杂志做参考,并结合自己拍摄的商品特点,确定整体拍摄风格。

(四)制定拍摄方案

在拍摄商品前,必须制定一份行动计划。

下面以金士顿(Kingston)32GB USB3.0 U 盘为例详细介绍。

1. 拍摄规划表

在开始拍摄前,可以用表格的形式来制定一张拍摄规划表(图 2-24),这样操作可以使目标清晰明确,方便拍摄,并且有利于掌握拍摄的时间进度。

产品名称	金士顿(Kingston)32GB USB3.0 U盘	交稿时间		拍摄时间
细节特写要求	商品正面图、背面图、侧面图			
	细节展示包括:			
	1. 款式细节			
	2. 做工细节			
	3. 材质细节			
	4. 功能细节			
拍摄部位	拍摄要点	拍摄环境	张数	
整体大图	正面、侧面、背面	静物台、侧拍	6	
多角度图片			6	
功能信息				
参数信息				
款式颜色				
细节特写			10	
卖点信息				
模特图			1	
包装效果				
实力资质	品牌吊牌、质检证明	静物台、水平拍	2	

图 2-24 拍摄规划表

2. 分析产品卖点

金士顿(Kingston)32GB USB3.0 U 盘的卖点有:小巧,方便携带;多种内存可供选择;时尚便利的滑盖设计;5 年质保,确保安全;快速传输海量数据,同时可与 USB2.0 的接口兼容。

3. 拍摄角度

商品整体外观效果图(图 2-25)、局部细节图(图 2-26)和角度变化(图 2-27)的展现对于网店商品的销售非常重要。细节体现品质,消费者必定会通过查看商品的细节来判断商品的质量或功能特点。

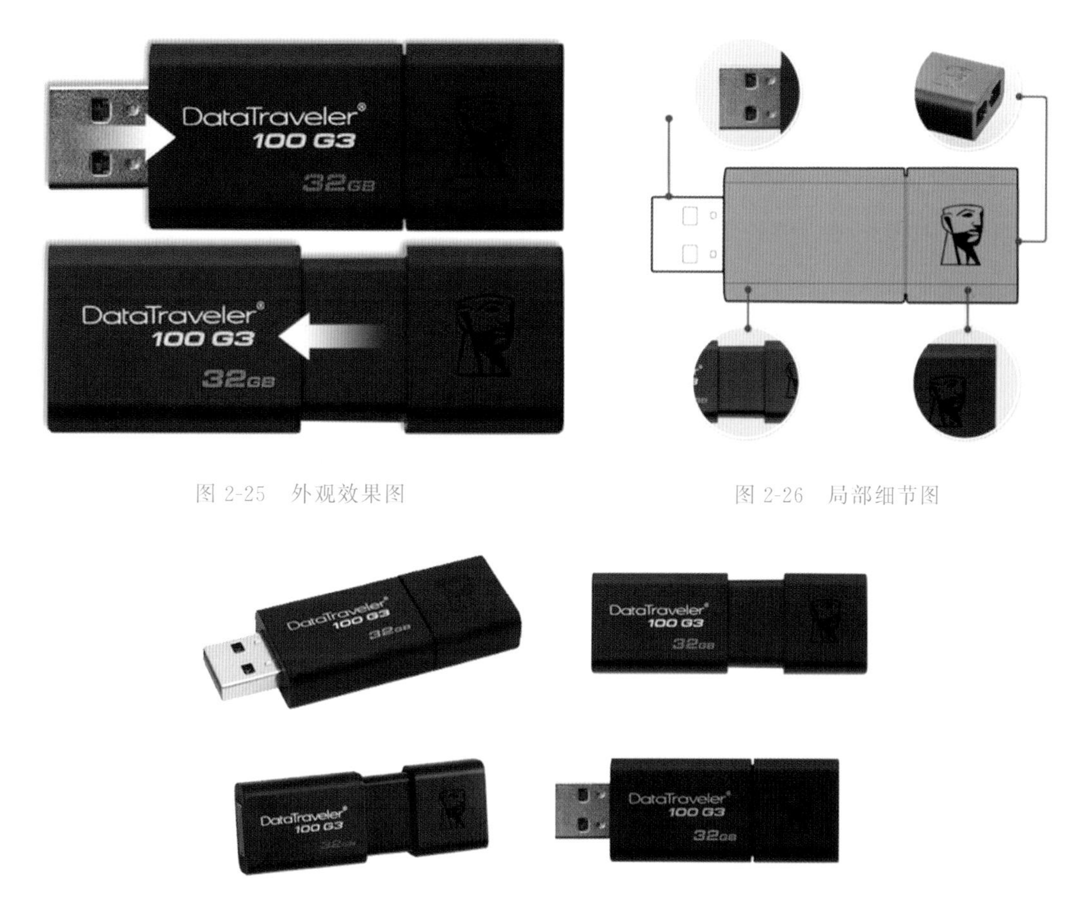

图 2-25 外观效果图

图 2-26 局部细节图

图 2-27 角度变化

如果是拍摄服装,可通过使用微距功能并配合拍摄的角度,展示出衣服的款式细节(图 2-28),包括整体图案的设计、领口独特的修饰设计、肩部和下摆的设计以及配件细节的展示,如扣子、袋口、拉链等部位。衣服的领口、袖口、走线、铆钉、里料等方面,最能体现出服装做工的好坏;还有材质的细节表现也可以体现出服装质量的好坏,如面料、颜色、面料纹路等。

4. 选择背景布

背景布选择和使用技巧:背景布的材质种类有很多,理论上只要符合创作需要的任何平面物体都可以作为背景布来使用,但常用的主要有 PVC、无纺布、植绒布等(图 2-29)。如果背景布的颜色选择和商品颜色的对比不明显,该商品则不能形成视觉冲击(见图 2-29(b))。

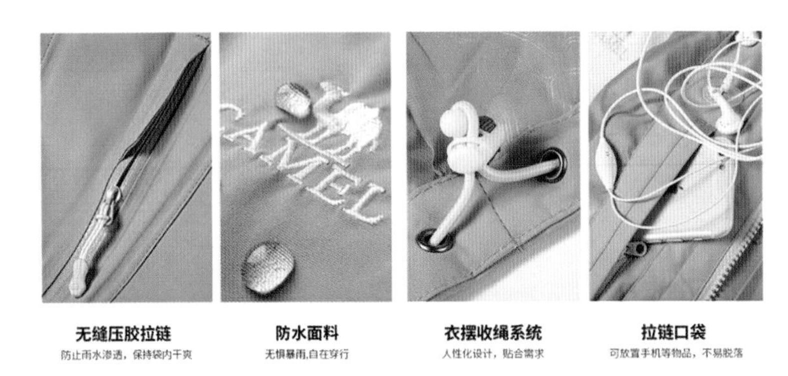

图 2-28　衣服的款式细节

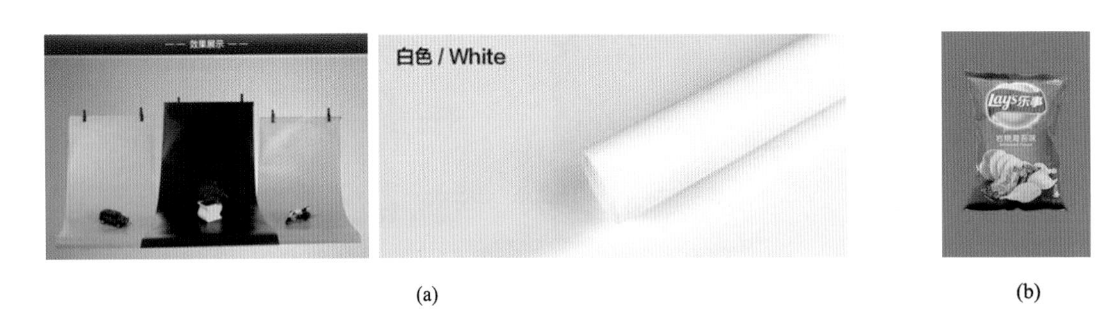

图 2-29　背景布的选择

5. 摄影光线与成像效果

光线环境会严重影响构图。光线能塑造景物的外表形状，我们可以对其进行合理安排，将不重要的景物沉入阴影中，将重要的景物置于光线之中。

光源的大小和距离，同样扮演着重要角色。光源越小越呈束状，与被摄对象距离越近，光影轮廓就会越分明；相反，光源越大，与被摄对象距离越远，照明效果就越弱。

光线方向决定了阴影的位置和大小。光源放置得越靠侧面或越靠后，阴影区域就越大。光源摆放得越靠前，阴影区域就越小，照片就显得越平淡。

阴影的强弱与光源的大小和种类有关。较弱的照明会产生较淡的阴影(图 2-30(a))。相反，硬光会产生浓重的阴影(图 2-30(b))。

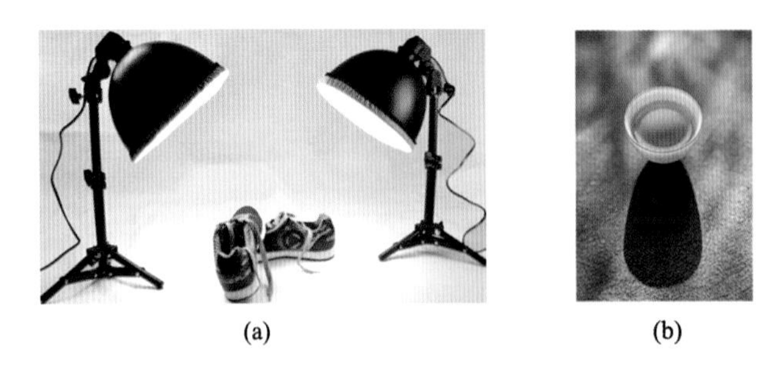

图 2-30　摄影光线与成像效果

(五)准备摄影器材、选择摄影棚的要求

数码相机是必备的摄影器材。摄影器材还包括 USB 数据线、读卡器、三脚架、摄影灯光设备、拍摄台。拍摄前，需要对拍摄中所要使用的器材(包括辅助配件)进行检查，以确保拍摄的顺利进行。根据室内

或室外不同的拍摄环境来准备照明用具。在室外进行拍摄时一定要多准备几个反光板；在室内拍摄时，要准备好柔光箱、反射伞等辅助配件。

一般来说商品摄影只需要买一个柔光摄影棚，不需要买太大的，一般买 80 cm 的柔光摄影棚能够放下商品就好。柔光箱是通过三面柔光灯箱形成一个完美光线拍摄的箱子，这样拍摄出来的照片效果更好。柔光箱可自行在网上购买。

背景的选择：白色居多，也有黑色和其他颜色，主要根据所需拍摄的商品的颜色来定。暖色商品就用冷色背景，冷色商品就用暖色背景（图 2-31）。

（六）拍摄执行

前期准备工作就绪后，就要开始实际拍摄了。在拍摄中要对商品的布光与画面构图进行很好的设计。

1. 布光

布光是为了保证必需的光亮，让商品的颜色更鲜艳，细节更突出。

拍摄服装时为了正确的表现服装的颜色、形态和质感，如实描述商品，很大程度上是由布光来决定的。由于网上购买服装无法直接触摸到布料，也不能上身试穿，因此照片必须要有立体感。如果使用顺光拍摄，就无法表现出服装的立体效果。拍摄的技巧：拍摄反光率较高的物体用柔光；突显静物立体感用硬光；巧妙打光得以突显金属质感；逆光展现玻璃通透的质感；利用阴影创造立体感。此外，还需注意影棚内灯位的摆放位置（图 2-32）及其作用。

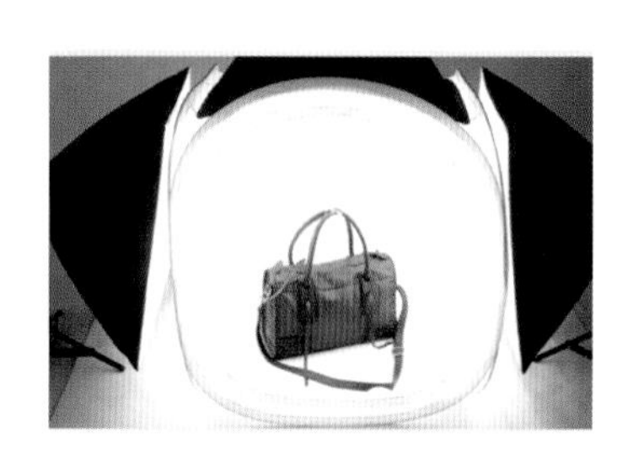

图 2-31　摄影光线与成像效果

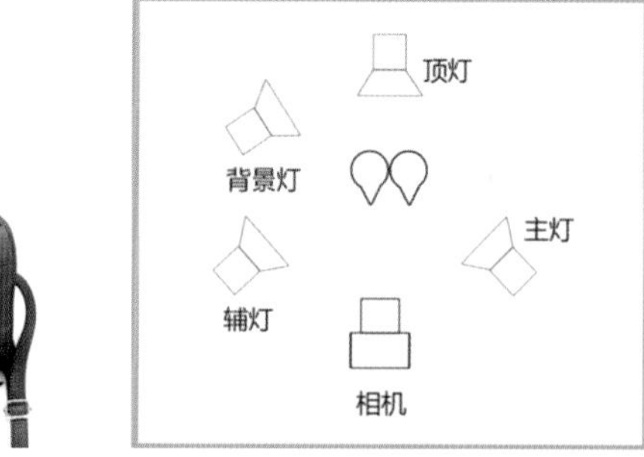

图 2-32　灯位摆放位置

2. 拍摄步骤

在拍摄时，最好先将所有商品根据拍摄中的可变因素进行细致的分类，将商品的材质、大小和颜色的不同以及反射率等放在一起综合考虑，然后再按照顺序进行拍摄。

步骤一：首先从多角度对商品进行拍摄，包括商品的正面、背面、45 度角和内部结构，全角度全方位的拍摄，可以让买家深入地了解商品的外观，然后再使用微距将商品的细节局部放大拍摄。

步骤二：对商品的包装进行多角度拍摄，包括商品的正面、背面和 45 度角，然后再将商品和商品包装组合拍摄。通过外包装的展示，可以体现出品牌感和运输中的安全性。

步骤三：拍摄商品说明书和防伪标识。

步骤四：拍摄商品的使用步骤。

步骤五：多件商品组合的拍摄。

3. 构图与搭配

为了使商品的外形有更好的展现，摄影师要能够从商品的形状、颜色等方面发现形式规律，根据制订好的照片拍摄风格，通过精巧的摆放和与道具背景的搭配，使原来单调的商品显得更加生动的同时也展示出商品的美感，促进销售。

日常生活中的很多物品都可以当作拍摄时的小道具，比如相框、干花、杂志、玩具、小家具等(图 2-33)。

图 2-33　小饰品

4. 不同颜色背景下的效果

(1)质感的展现。每件商品都有自己独特的质感，它就是该商品所具备的最显著的特点，所以质感对于商品的表现非常重要，尤其是在展现表面粗糙、质感强烈的商品时，极具表现力。这时可以使用侧光进行拍摄(图 2-34)，这样的布光方式可以更好地在商品表面产生立体感极强的明暗反差和变化，从而体现质感。

(2)颜色的展现。拍摄商品时，最大的困难就是颜色的展现(图 2-35)，拍不好很容易失真，产生色差。为了如实的将服装的颜色拍摄下来，要将白平衡和曝光补偿调整到适合光线颜色的设定上。即便是正确的设定了白平衡，但是在拍摄紫色、蓝色、红色时，还是会觉得拍出来的颜色和实际商品的颜色有偏差，在这种情况下，只能通过后期图像处理的方法进行色彩调整，尽可能地接近商品本身的色彩。

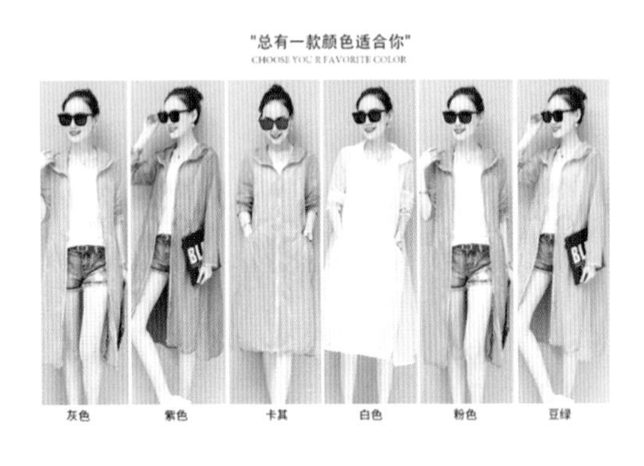

图 2-34　质感的展现

图 2-35　颜色的展现

(七)拍摄后期的处理工作

所有的拍摄工作完成后，要将拍摄的图片传入电脑，把原有未加工的照片依据客户的要求进行挑选，然后借助图像处理软件对拍摄不足的地方进行修改和完善，比如修复污点、调整偏色、修正曝光、适量提高色彩饱和度、调整图片清晰度等，以确保商品的真实性。最后再给图片添加水印，防止被盗用(图 2-36)。

图 2-36 戒指拍摄后期的处理工作

(八)完成交付

图片后期处理完成后,向客户提交样片进行审核,以确定制作的图片是否符合要求,再按照客户提供样片的修改意见,根据实际情况进行调整,使图片尽可能满足客户要求。图片调整完成后,通过邮件或刻盘邮寄等方式向客户提供成片。

三、学习常用的美工图像处理操作

(一)裁剪图片

打开拍摄好的图片发现商品周围出现了不该出现的物品时,我们可以使用图片处理软件中的裁剪工具对图片进行修改。

如用 Photoshop CS6 打开需要裁剪的图片,选择裁剪工具小图标或快捷键(C),用鼠标调整裁剪区域,按回车键完成裁剪操作(图 2-37)。

图 2-37 裁剪图片

(二)调偏色

有很多新手卖家,在拍摄了商品照片以后,不知道下一步该怎么操作。虽然商品千差万别,但图片处理的基本方法万变不离其宗。裁剪后的图片处理的基本方法主要有以下四个步骤。

(1)矫正色差。矫正色差是图片处理的难点,因为需要处理照片的操作者必须要知道实物是怎样的,不能自作主张,要有实物作对比才能处理照片,也需要操作者具有一定的色彩敏感度,能看出细微的颜色差别。还有一个客观需求就是作图的显示器不能偏色。

(2)调亮度。摄影师在拍摄商品照片时往往会把照片拍得稍微暗一些,如果照片拍得太亮,会丢失许多细节、纹理和质感,是无法用 Photoshop 来弥补的。所以我们通常需要用 Photoshop 把照片提亮一些,使画面看起来更加明快、通透。一般采用调整曲线的方法提亮照片。添加一个曲线调整层,调整曲线中间部分,向左上方略拖拽,曲线可以使整个画面平滑变亮。

具体操作方法如下:使用 Photoshop CS6 打开图片,在菜单栏中选择"图像"→"调整"→"曲线"命令。打开曲线对话框,蓝色和黄色是互补色,所以这里选择蓝色通道进行调整,用鼠标在曲线的中部将蓝色通道的曲线稍微上调至自己满意为止。

(3)修瑕疵。放大画面,查看商品上是否存在瑕疵,若存在瑕疵则用仿制图章工具把瑕疵去除。修瑕疵的工作量大小要看产品本身是不是完美,也要看客户的需求。不是精修的情况下,把大的瑕疵修掉即可。

(4)锐化。为了使照片边缘更加清晰、纹理更加锐利,我们通常会给它加一些锐化效果,执行"USM 锐化滤镜"。锐化数值也不是固定的,一般数量在 100 左右,半径为 0.8 左右。一边调试一边看预览,锐化过度,文字边缘会有白边。锐化时不能出现白边,要适可而止。

在商品摄影的时候如果没有设置相机的白平衡,会使得照片拍出来的色彩偏色。要想使照片与实物颜色更接近,必须对照片进行调色(图 2-38)。

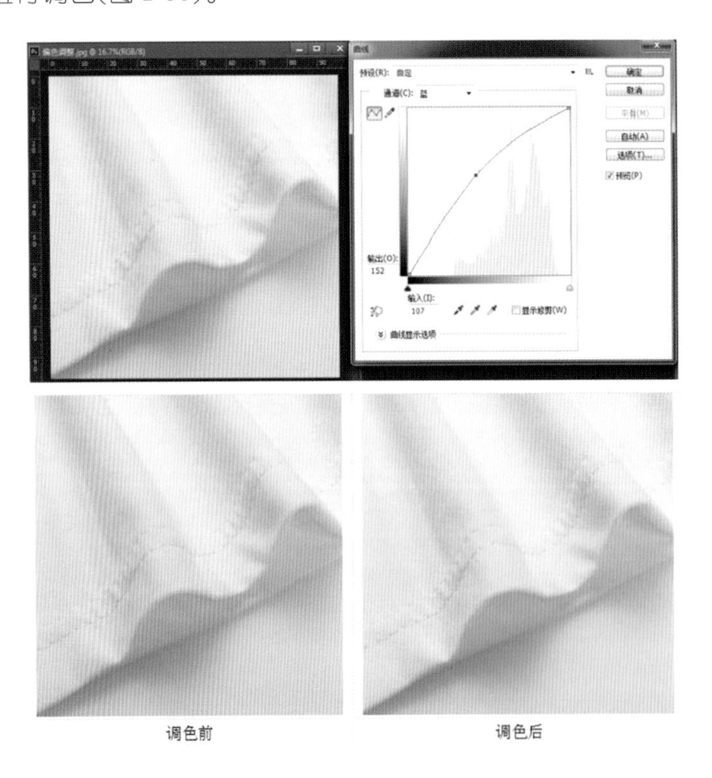

图 2-38　调偏色

(三)抠图

抠图是网店图片处理中最重要的一项工作,购物平台的很多活动的背景图片都要求是白色,抠图是必须掌握的技术。

(1)使用 Photoshop 软件打开需要抠图的图片,执行钢笔工具命令,选择工具模式为"路径",然后在衣服的边缘单击鼠标并拖动,建立节点及控制柄(图 2-39)。

(2)在衣服的边缘单击鼠标并拖动,这样就产生了光滑的路径曲线,按住"Alt"键调节控制柄的方向及距

图 2-39 执行钢笔工具命令

离，可以调整路径的曲线，分别调节路径中的两个控制点，使路径跟图像边缘尽量吻合(图 2-40)。

(3)依次在衣服的边缘单击，增加节点并调整控制柄，以此得到精确的路径形状(图 2-41)。

(4)按“Ctrl＋Enter”组合键，将路径转换为选区，按“Ctrl ＋Shift＋I”组合键，选区反选，删除选择区域，完成抠图(图 2-42)。

图 2-40 调节路径的曲线

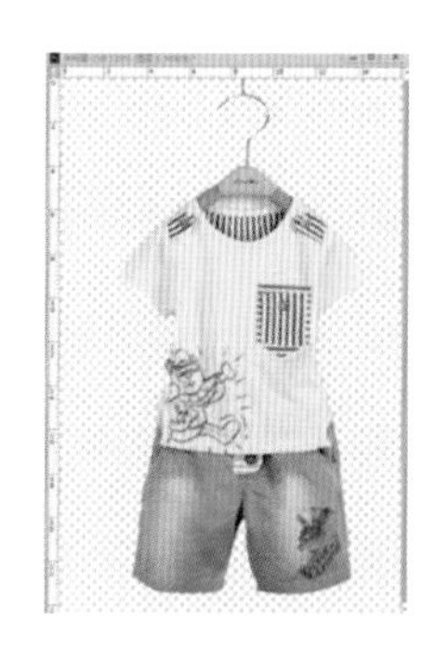

图 2-41 精确的路径形状

(四)添加水印

为了防止自己辛苦拍摄制作的图片被他人盗用，很多时候我们都会给图片加上特有的防伪标志——水印(图 2-43)。

图 2-42 完成抠图

图 2-43 添加水印

添加水印的操作步骤：使用 Photoshop 软件打开需要添加水印的图片，执行文字工具命令，写上水印的文字，并调节文字的位置、方向、大小和透明度。

任务小结

摆放多件商品时，不仅要考虑造型的美感，还要符合构图的合理性。因为画面上内容太多会显得杂乱。此时，可采用有序列和疏密相间的方式进行摆放，既能使画面显得饱满丰富，又不失节奏感与韵律感。

按照良好的习惯在正式制作图片之前应复制一个背景层。背景层一定要复制，以免破坏原图，对后期操作也有诸多方便。复制之后得到“背景副本”，在背景副本上进行操作。抠图需认真细致！细节决定成败！

任务三
电商美工常用的色彩搭配

一、色彩对首页的重要性

色彩是做好店铺装修的基础，店铺的色彩与风格是消费者进入店铺首先体验到的内容。但是现实中很多卖家在装修店铺时，喜欢将一些酷炫的色块随意地堆砌到店铺里，让整个页面的色彩杂乱无比，给消费者造成视觉疲劳。好的色彩搭配不但能够让页面更具亲和力和感染力，还能吸引消费者持续浏览，增加消费者在店铺的停留时间。

二、色彩的属性与对比

色彩可以给人带来各种各样的视觉效果和心理感受，会营造出不同的环境气氛。在首页设计中，色彩搭配是相当重要的。颜色的选用根据店铺的目标而决定，不同的色彩能够引起人们不同的情感反应(图 2-44)。

色系	符合行业类目形象
红色系	游戏娱乐、数码、古玩收藏、珠宝首饰
绿色系	家装家饰、水果时蔬、食品保健、运动户外、旅游、鲜花速递、绿植园艺
黄色系	母婴用品、水果茶点、古玩收藏、食品保健
橙色系	服装、家具用品、运动户外、娱乐、宠物
蓝色系	水族、数码、旅游、宠物、书籍音响、运动户外、食品保健、车品配件
紫色系	美容护理、家具用品、珠宝首饰、服饰鞋包
棕色系	宠物用品、素材图像、车品配件、古玩收藏
黑色系	男士用品、车品配件、数据产品
白色系	所有类目

图 2-44　色彩情感反应

只有灵活应用色彩，才能给消费者留下良好的印象。通常消费者对色彩的印象并不是绝对的，会根据行业类目的不同产生不同的联想。例如，说到春节、婚庆，人们脑海中会联想到红色；提到特产往往会想到绿色；提到科技会联想到蓝色，等等。这些都是从时代与社会中逐渐沉淀下来的知觉联想。设计首页时，充分利用好行业类目对色彩的印象，所挑选的颜色更能引起消费者的共鸣。下面对常见店铺色彩进行分析。

(一)红色系

红色是一种充满激情而且情绪感特别强烈的色彩，最能代表中国传统文化的色彩。红色与同色或者邻近色的搭配，无论什么时候都能跟得上潮流，还可以营造出华丽和喜悦的氛围。高亮度的红色通过与灰色、黑色等无彩色搭配使用,可以得到现代且激进的感觉。低亮度的红色给人冷静沉着的感觉,可以营造出古典的氛围(图 2-45)。

图 2-45 红色系

(二)绿色系

绿色常与自然和环境相联系,传达安全、健康和快乐的感觉,所以也经常用于与健康相关的网店。绿色与同色系搭配,整体更和谐、统一;当绿色和白色搭配时,可以得到自然的感觉;当绿色和红色搭配时(图 2-46),可以得到鲜明且丰富的感觉。同时,绿色可以缓解眼部疲劳,为耐看色之一。

图 2-46 绿色系

(三)黄色系

鲜亮的黄色是显眼且有个性的色彩(图 2-47),适用于欢快、热闹的场合,可以突出其独特的个性。

图 2-47 黄色系

(四)蓝色系

高纯度的蓝色给人一种整洁、轻快的感觉。低纯度的蓝色给人一种都市化的现代派之感。蓝色系店铺会给消费者沉稳、扎实的印象,无论表现的是古典高雅还是现代流行的风格,都能够彰显出蓝色所具有的高贵气质。另外,蓝色与高纯度的色彩搭配(图 2-48),可以表现出严谨、认真的页面效果,使页面的主题更加突出、醒目。

图 2-48　蓝色系

(五)紫色系

紫色系是展现女性朦胧、温柔的色彩,与同类色、邻近色搭配,可以将女性的魅力发挥得淋漓尽致,给消费者营造一种浪漫、神秘的页面氛围(图 2-49)。

图 2-49　紫色系

(六)黑色系

黑色在网店设计中,具有高贵、稳重之感。黑色的色彩搭配适应性非常广,无论什么颜色与黑色搭配均能取得鲜明、华丽、赏心悦目的效果。许多科技产品的颜色(如电视、摄影机、音箱等)大多采用黑色。黑色给人一种庄严、严肃的感觉,也常用于一些特殊场合的空间设计。生活用品和服饰用品设计大多利用黑色来塑造高贵的形象(图 2-50)。黑色是一种永久流行色。

(七)棕色系

棕色是大地的颜色,常给人一种哺育和母爱的感觉。棕色系一般代表着成熟、稳重、可靠、安全(图 2-51)。看到棕色也会让人想起土地、肥沃、厚道。从颜色学角度来说棕色是暖色调,会给人一种较舒服

图 2-50　黑色系

的感觉。当然某些时候棕色也会使人想起污泥、混沌、脏乱差。因此，不同的场合、不同的心情使用不同的颜色所表达的含义也不一样。

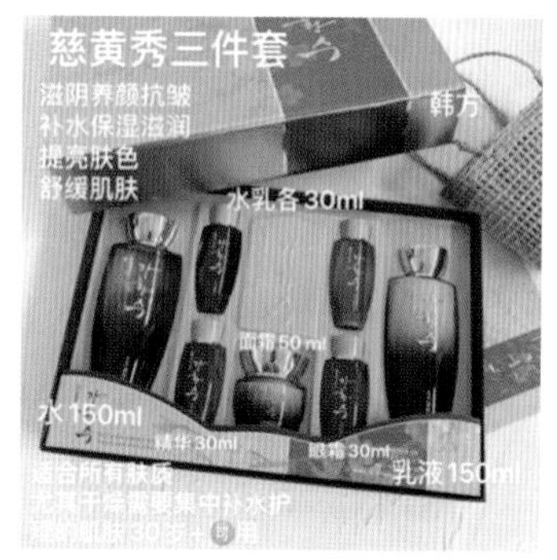

图 2-51　棕色系

(八)白色系

白色称为全光色，是光明的象征色，具有高级和科技的感觉。在网店设计中，通常需要和其他颜色搭配使用。纯白色会带给人冷峻、清爽的感觉，所以在使用时，都会掺一些其他的色彩(如象牙白、米白、乳白、苹果白等)。另外，在同时运用几种色彩的页面中，白色和黑色可以说是最显眼的颜色。在网店设计中，当白色与暖色(如红色、黄色、橘红色)搭配时可以增加华丽的感觉；与冷色(如蓝色、紫色)搭配时可以传达清爽、轻快的感觉。正是由于这种特点，白色常用于明亮、洁净感觉的产品(图 2-52)。

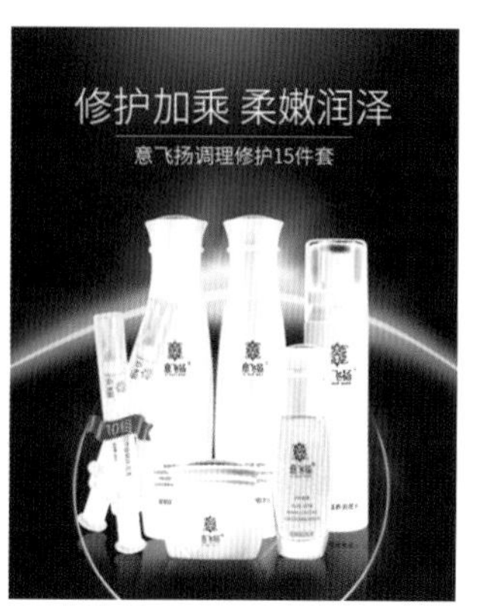

图 2-52　白色系

三、色彩怎样搭配更出色

色彩的对比与调和是相辅相成的矛盾统一体，也是色彩搭配的总体要求。在色彩的搭配上，如果没有色彩的对比关系，就会使人感到色彩缺少变化、平淡无奇；如果没有色彩间的调和关系，又会使人感到画面色彩零乱，整体关系缺乏统一。只有认真对待色彩的对比与调和，才能合理配置色彩，创作出色彩丰富、对比鲜明而又协调的作品。

丰富多样的颜色可以分成两个大类：无彩色系和有彩色系。

饱和度为零的颜色为无彩色系（图 2-53）。无彩色系是指白色、黑色和由白色、黑色调和形成的各种深浅不同的灰色。无彩色按照一定的变化规律，可以排成一个系列，由白色渐变到浅灰、中灰、深灰甚至黑色，色度学上称此为黑白系列。

图 2-53　无彩色系

有彩色系的颜色具有三个基本特性：色相（也称色调）、纯度（也称饱和度）、明度（也称亮度）。在色彩学上也称为色彩的三大要素或色彩的三属性（图 2-54）。

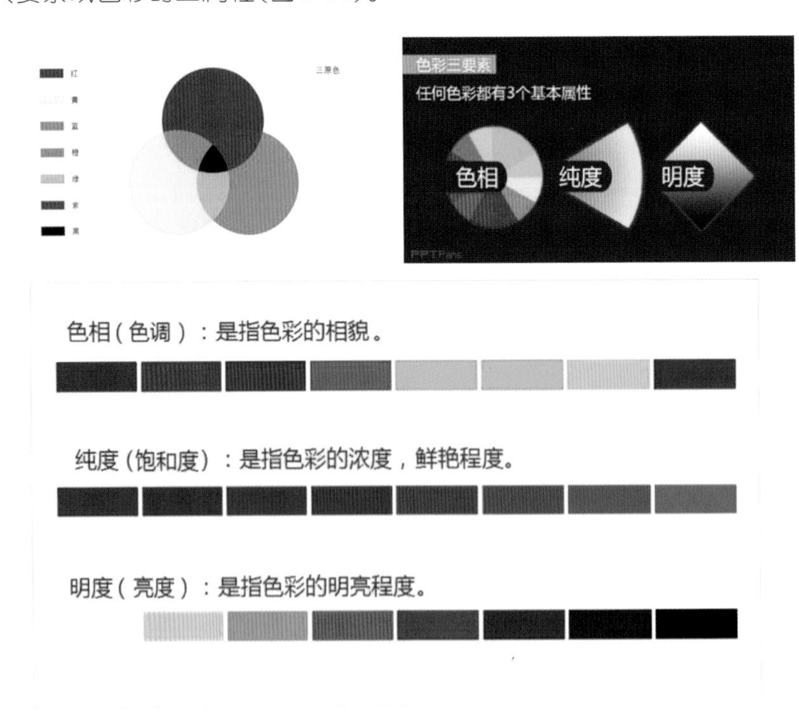

图 2-54　色彩三属性

（1）色相是色彩的首要特征，是区别各种不同色彩的最准确的标准。事实上任何黑白灰以外的颜色都有色相的属性，而色相也就是由原色、间色和复色来构成的。

(2)纯度是色彩的鲜艳程度。色彩是刺激儿童神经系统，尤其是视觉神经系统发育成熟的一项重要因素。在缺乏色彩的环境中，儿童的心理成长和生理发育都会受到不良影响。因此在有儿童的家庭中不宜采用无彩色系搭配方案。但是高纯度的颜色最好不要大面积使用，其会让眼睛负担过重，长时间盯着看容易引起头晕、烦躁、易怒等后果。低纯度的色彩能让眼睛更放松。

(3)明度是色彩的明亮程度。任何色彩只要加入不同程度的无彩色(黑白灰)，就能变暗或变亮。色彩的明度有两种情况：一是同一色相不同明度；二是各种颜色的不同明度。

色彩搭配就是不同色相之间相互呼应、相互调和的一个过程。色彩之间的关系取决于在色相环上的位置(图 2-55)。色相和色相之间距离的角度越小，则对比越弱；色相和色相之间距离的角度越大，则对比越强烈(图 2-56)。

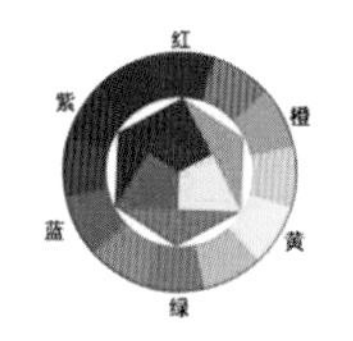

图 2-55　色相环

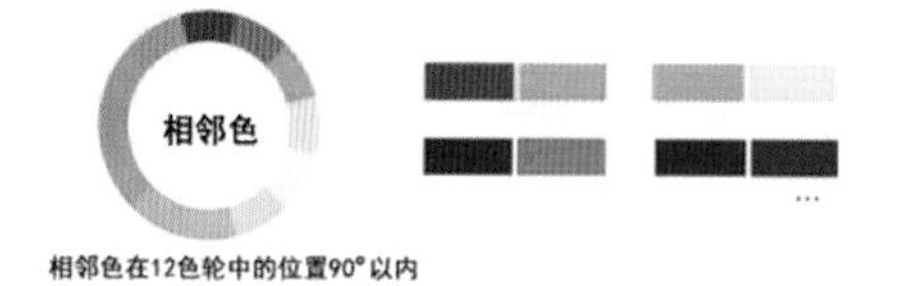

图 2-56　相邻色

日本的设计师提出过一个配色黄金比例 70∶25∶5。其中的 70%为大面积使用的主色，25%为辅助色，5%为点缀色(图 2-57)。一般情况下，建议画面色彩不超过三种，“三种”指的是三种色相，如深红和暗红可以视为一种色相。

图 2-57　配色黄金比例

一般来说，颜色用得越少越好。颜色越少画面越简洁，作品会显得越加成熟，越容易控制画面。除非有特殊情况，如一些节日类的海报，要求画面呈现出一种热闹、活泼的氛围，使用多种颜色可以使画面显得很活跃。但是颜色越多，越要严格按照配色比例来分配颜色，不然会使得画面非常混乱，难以控制。

关于色彩搭配方法有很多，最为常见的有以下几种(图 2-58)。

(一)相邻色搭配

1. 相邻色概念

在色相环中距离比较近的就是邻近色(图 2-59)。根据红、橙、黄、绿、蓝、紫这六字顺序，相邻色搭配就是红+橙、橙+黄、黄+绿……以此类推。

相邻色一是比较邻近，有很强的关联性；二是协调柔和，使画面和谐统一，可以营造出一种柔和温馨的感觉。在色相环中位置较近，所以这种搭配视觉冲击力较弱。

2. 相邻色举例

海报采用相邻色的搭配方式(图 2-60)，加橙色起到点缀的作用，整体画面非常柔和协调。因此这类配

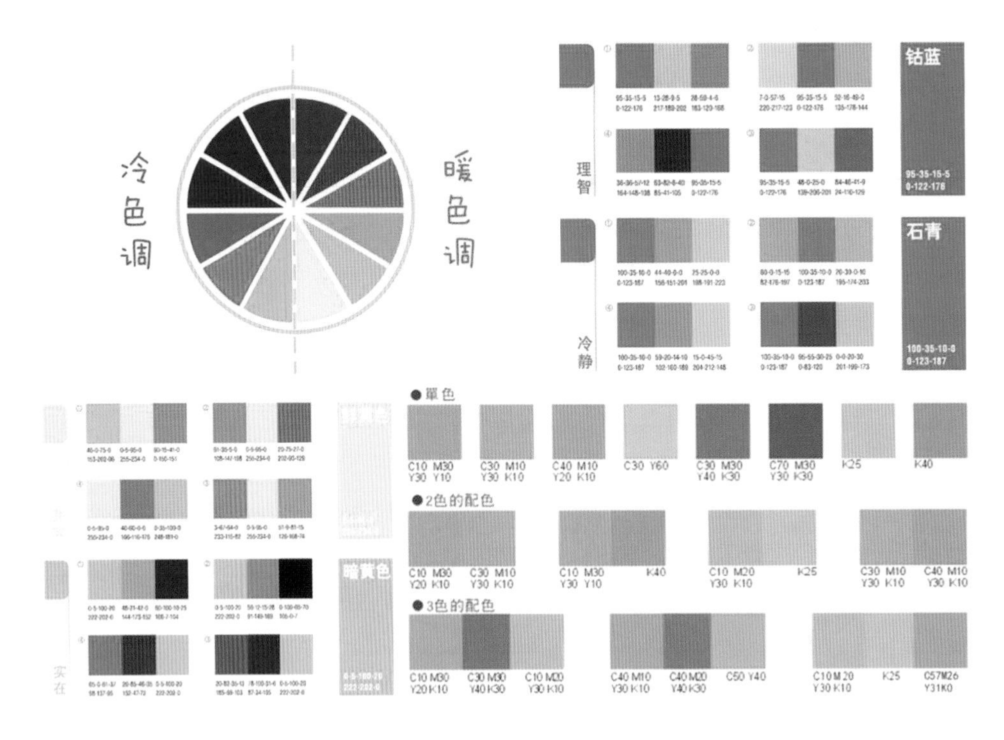

图 2-58　色彩搭配

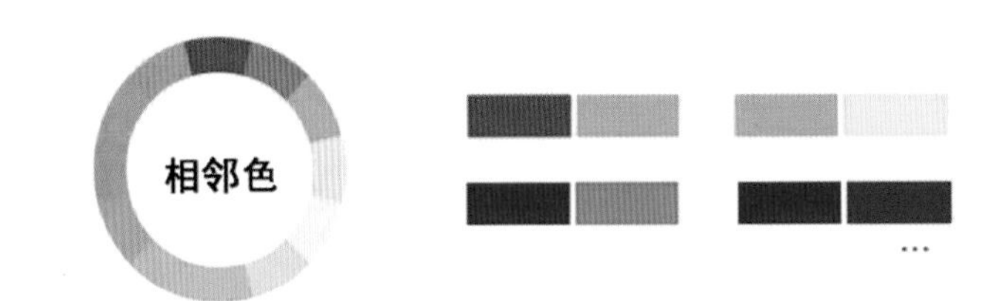

图 2-59　相邻色

色常用于家居、棉织品、清新淡雅的服装、中国风产品等，能给人一种宁静、柔和、传统的感觉。

相邻色搭配中还有一种单色系的搭配方式(图 2-61)，画面采用同一色相，仅仅调整该色的明度或饱和度就可以得到另外一种颜色。文字颜色就是用背景色降低饱和度或明度后的结果。本身背景色明度很高，又采用单色搭配手法，能给人一种高雅、淡泊、宁静的感觉。

图 2-60　相邻色的搭配

图 2-61　单色系的搭配

(二)间隔色搭配

1. 间隔色概念

根据红、橙、黄、绿、蓝、紫这六字顺序，搭配方式是红+黄、橙+绿、黄+蓝、绿+紫、蓝+红等，因为这种搭配方式中间都隔了一种颜色，因此称为间隔色(图 2-62)。

间隔色相比较相邻色，两种颜色在色相环上距离稍远一些，因此视觉冲击力会强于相邻色(图 2-63、图 2-64)。间隔色搭配使用非常广泛，它既没有互补色那么具有刺激性的冲击力，又比相邻色多了一些明快、活泼、对比鲜明的感觉，特别是三间色之间的相互搭配(图 2-65)，应用也非常广泛，非常流行。

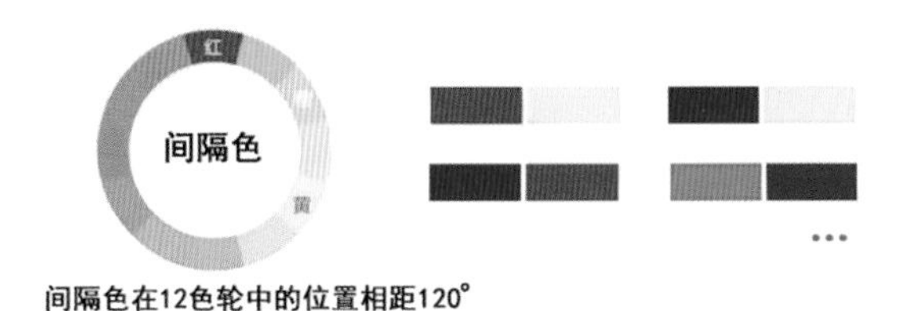

图 2-62　间隔色

图 2-63　间隔色的搭配 1

图 2-64　间隔色的搭配 2

图 2-65　三间色的相互搭配

2. 间隔色举例

红蓝搭配就属于其中一种间隔色搭配。红蓝搭配应用非常广泛，因为这两种颜色是典型的冷暖结合的颜色，有很强的对比性，会给人留下很深刻的印象。例如，百度的 Logo、百事可乐的 Logo(图 2-66)、警车、超人和蜘蛛侠的动漫形象等。红蓝这两种色彩对比很容易使人视觉疲劳、心理亢进，所以不适于家庭装修。由于红蓝搭配冲击过于强烈，因此最常见的是采用白色作为调和色(白色和黑色是万能的调和色)。较典型的就是百事可乐的 Logo。

图 2-66　间隔色的搭配

红蓝搭配时不能让色彩过于均衡，一定要控制好两色的比例。其中一种为主色，在画面中要占较大比例，使之产生主次关系，或者降低其中一种颜色的明度或饱和度，产生明暗对比。其中暖色(如红、橙等)很容易进入人的眼帘，冷色(如蓝、紫等)在画面中总是趋于后退(图 2-67)。

图 2-67　间隔色搭配，白色和黑色调和

注意：配色时一定要控制好画面的色彩比例。主色调、辅助色和点缀色比例要适中！

(三)互补色搭配

1. 互补色概念

在色相环中相隔 180°的两种颜色互为补色(图 2-68)，是色彩搭配中对比最为强烈的颜色。根据红、橙、黄、绿、蓝、紫这六字顺序，互补色就是中间间隔的两种颜色，如红＋绿、橙＋蓝、黄＋紫等。

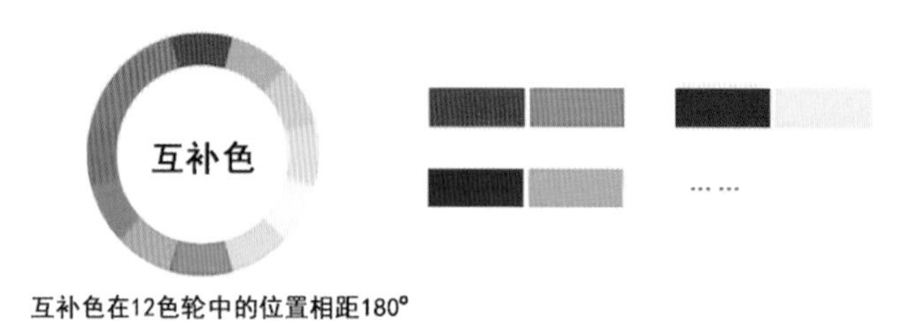

图 2-68　互补色

互补色搭配可以表现出力量、气势与活力，有非常强烈的视觉冲击力，而且也是现代时尚的搭配。但若搭配不当，会产生不协调、不含蓄、不安定的效果。

2. 互补色举例

互补色搭配(图 2-69)要注意以下三个方面。

①两种颜色放在一起，对比起来比较鲜明，所以一定要控制好画面的色彩比例。要选择一种颜色作为主色调，另一种颜色作为点缀或者辅助色。

②可以降低其中一种颜色的明度或饱和度，这样可以产生一种明暗对比，缓冲其对抗性。

③在画面中加入黑色或白色作为调和色，进一步缓冲其对抗的特性。

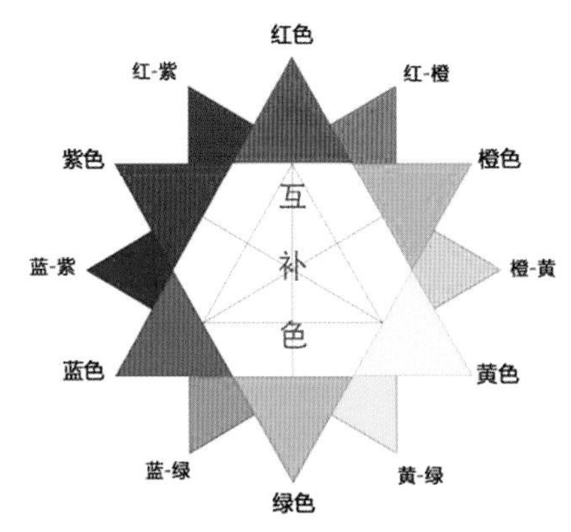

图 2-69 互补色搭配

> 任务小结

配色过程中要记住红、橙、黄、绿、蓝、紫六个字。

色相相隔越远对比越强烈,靠得越近搭配越柔和。

控制好画面的色彩比例。

我们在认识物体的色彩时,色调对色彩印象的影响很大。无论是为了营造某种"氛围"或者"心情",都可以通过色调的灵活运用而达到目的。

同一类色调或者类似色调可以凝聚整体的配色效果,使画面展现统一的感观,也可以提高画面的质感。

店铺设计是一项艺术活动,读者可以按照内容决定形式的原则,大胆进行艺术创想,从而设计出既符合网店要求,又有一定艺术特点的店铺。

生活需要些色彩,生活调色的画笔掌握在自己手里!

任务四
字 体 设 计

我们可以观察到许多以前纤细的淘宝美工字体现在运用得越来越少了。如果仔细观察这些年淘宝美工字体排版设计的变化,会发现设计趋势在慢慢地远离原来的扁平化设计,感觉越来越奔放了。

以下为现在所流行的字体设计的几种设计趋势。

一、彩色的文本和字体

虽然绝大多数的极简风格的页面，淘宝美工会采用黑白色调的文字设计，但是应该知道，有色彩的文字比黑白来得更有张力(图 2-70)。

图 2-70　彩色字体

彩色的字体是醒目的，明亮多样的色彩足以吸引人的目光，这就使得信息的传递能够更加的有效，还能建立出标志性的标识，吸引用户并使其参与到设计中来。因此，在很多设计项目当中，彩色字体都是被当作最重要的视觉元素来呈现。

二、简约大胆的衬线字体、无衬线字体

衬线指的是字母结构笔画之外的装饰性笔画。有衬线的字体叫衬线字体(serif)；没有衬线的字体，则叫无衬线字体(sans-serif)。

1. 衬线字体

特征：在字的笔画开始、结束的地方有额外的装饰，而且笔画的粗细会有所不同(图 2-71)。

用途：衬线字体容易识别，它强调了每个字母笔画的开始和结束，因此易读性比较高。在整文阅读的情况下，适合使用衬线字体进行排版，易于换行阅读的识别性，避免发生行间的阅读错误。

中文字体中的宋体就是一种最标准的衬线字体。衬线的特征非常明显，字形结构也和手写的楷体一致，因此宋体一直被视为最适合的正文字体之一。

2. 无衬线字体

特征：无衬线字体没有额外的装饰，而且笔画的粗细一致。该类字体通常是机械的和统一线条的。它

们往往拥有相同的曲率,笔直的线条,锐利的转角(图 2-72)。

衬线字　　无衬线字

图 2-71　笔画始末粗细不同　　图 2-72　笔画始末粗细一致

用途:无衬线字体醒目,适合用于标题、DM、海报等,但现在市场上很多 App 正文都开始采用无衬线字体,因为无衬线字体更简约、清新,比较有艺术感。

无衬线字体与汉字字体中的黑体相对应(图 2-73)。为了起到醒目的作用,笔画比较粗,不适合用作正文字体,不适合长时间阅读。但是现代的 Macintosh、iOS、Android、Windows Vista 等系统默认使用无衬线字体,基本上都是基于细黑体演化而来,不再像传统的无衬线字体那样笔画粗,因此用作正文字体时易读性也很高。

你的设计如果想要给人留下深刻的印象,那么字体上不一定要那么华丽。

无衬线字体(图 2-74)在近两年设计上都是比较流行的,在各种 App 中出现的概率也很高。它们会被选取的重要原因是除了易读性高,还能同背景和其他的元素形成鲜明的对比。

图 2-73　无衬线字体与衬线字体笔画始末对比

图 2-74　无衬线字体

三、剪切和叠加效果

设计效果如果是通过剪切和叠加来实现的,那么能创造出有趣的、令人印象深刻的效果(图 2-75)。

剪切和叠加大多数是通过分层来实现,它能让设计不再扁平化,如果想要在字体设计中实现这样的效果,那么这将是一个不错的选择。

文本字体在背景上叠加上一层,然后剪切出文本部分。透过剪切部分,你可以看到底层背景的图片。这种设计一般要使用比较粗的大写字母,还要控制好文本内容的字数,这样才能保证前期剪切的文本内容可以清楚地传递给用户。

四、和其他图层穿插

在大部分的设计中,文本元素是独立使用的,以往简单的上下叠加或者平行布局已经让文本元素和其他的视觉元素穿插在一起所取代(图 2-76),给人的感觉就像是看着单薄的文本拥有了"重量",仿佛真实存

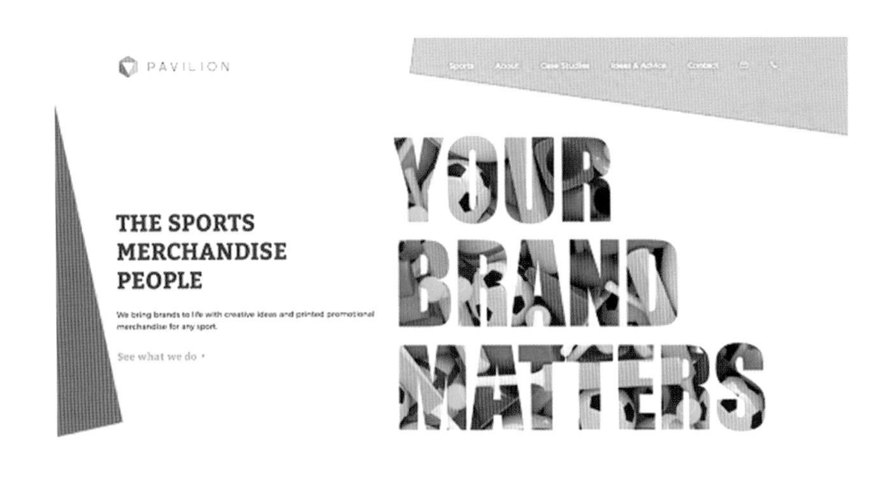

图 2-75 剪切和叠加效果

在一般，能让用户更容易注意到其中的信息，也更容易记住。

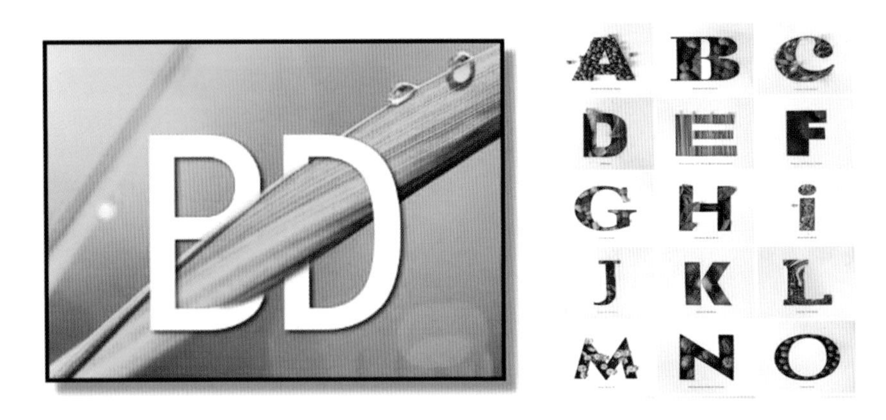

图 2-76 和其他图层穿插

五、文艺、民族风

电商美工中通常采用阴影、斜角、渐变等变化形式让文本具备较好的可读性，这样能让人感受到那种独特的"复古"气息(图 2-77)。不过要注意的是，这样的复古设计比较适合简约的页面布局，反之会让人看着难受。

图 2-77 "复古"的设计

六、促销类字体

促销类字体(图 2-78)一般会使用粗大、显眼、倾斜、文字变形等方法进行创意设计。促销类字体采用笔画粗的字体，如方正粗黑、方正谭黑、造字工房力黑，其字体醒目，视觉冲击力强。

图 2-78　促销类字体

七、男性字体

男性字体给人一种硬朗、粗犷、稳重的感觉。

在表现充满力量、霸气的男性魅力时，为了突出男性的感觉或者说是在表现文字的力量感的时候，要尽量在文字上体现出一种稳重感、力量感，所使用的字体也应该以这种风格为重要参考。汉字中，黑体字是最典型的男性字体(图 2-79)，英文也有类似的字形，棱角分明，大小、粗细搭配，有主有次。

图 2-79　男性字体

八、女性字体

女性字体给人一种柔软、飘逸、纤细、秀美、活泼的感觉。一般追求节奏、神韵的表现方法，选用纤细、秀美、线条流畅、字形有粗细等细节变化的字体(图 2-80)。

在很多设计项目中，字体基本上都被作为最重要的视觉元素和传达信息的元素。所以，想要设计能体现出最新的设计趋势，那么应先从字体排版设计开始做起。

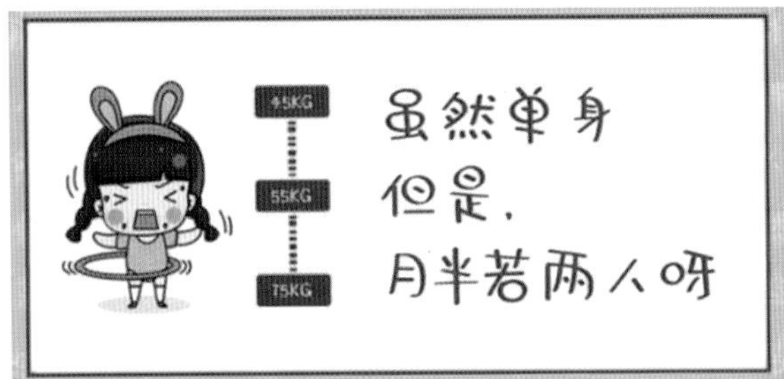

图 2-80　女性字体

> 任务小结

"第一眼"效应也称首因效应，是由美国社会销售心理学家洛钦斯率先提出的，是指双方通过第一次见面留下的印象来决定是否有进一步交往的必要。首因效应在形成传播效果中的作用是十分明显的，"先入为主"就是首因效应在传播中的具体体现，也是最鲜明、最牢固的。正因为如此，传播者要特别注意这个"初次亮相"，因为这对后面的传播效果起着举足轻重的作用。字体与风格就像是第一印象，运用得不好会给消费者带来不好的体验。此外，字体不要下载太多，除系统自带的字体之外，下载常用字体即可，下载得太多只会浪费查找的效率，如果特别需要再进行下载。

字体尽量不要乱用，根据产品以及风格等选择适合的字体。但是，如果不知道用什么字体，就用方正兰亭系列，它是百搭字体。但是值得注意的是，如果没有获得方正字体的授权，最好不要使用，可以用思源系列的字体，和方正兰亭系列很相似。

第一印象很难改变，因此，我们在日常交往过程中，要注意给别人留下好印象。注重仪表风度和言谈举止，做到落落大方，言辞幽默，举止优雅，不卑不亢，利用首因效应营造良好的人际氛围。

任务五
网店布局

首页装修中的重中之重——页面布局(图 2-81)。在网上购物时，店铺展现给消费者更多的是图片，换言之，就是图片类型的广告。那么，如何才能让消费者记住店铺，并让其沿着已定的路线在首页上有目的地点击，提高二跳率。

在网络店铺中，页面布局的设计占据了整个店铺设计的最大份额，卖家费尽心机地提高店铺的流量，好不容易把消费者吸引进来，却因为店铺首页装修得不够精美，而错失很多消费者。那么，如何做好店铺首页布局，稳住消费者呢？下面我们来观察一幅实体店的装修图(图 2-82)，从中获取设计思路，学习更多的经验。

由图 2-82 可见，实体品牌店面基本由店铺招牌、主推商品、商品分类、商品陈列展示、搭配推荐五个部分组成。实际上，我们的网店装修也可以参考实体品牌店的装修思路，根据自己店铺的风格和商品来合理布局，以图片和文字的形式将实体品牌店要表达的信息传达给消费者，把握住店铺的每一次流量，提高转化率。

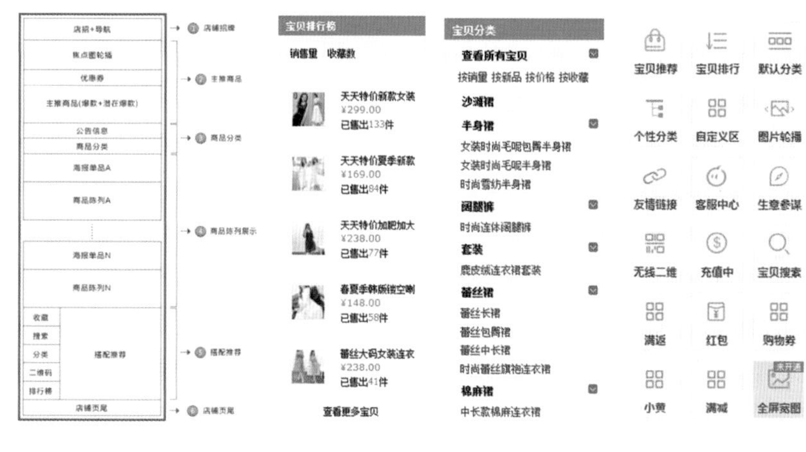

图 2-81 店铺页面布局图

图 2-82 实体店装修图

一、店铺页头

店铺的页头主要包括店招、导航条两部分内容，置入品牌 Logo、广告语及收藏、产品搜索等功能引导消费者进行购买(图 2-83)。

图 2-83 店铺页头

二、轮播图

轮播图(大图)应该放店铺的主打类别产品的图片，可以轮番播放但最多不要超过 3 张(图 2-84)。超过 3 张之后的图片消费者一般都看不到，放太多图片也会影响网页打开速度，降低客户体验度。

图 2-84　轮播图

三、主推商品

店铺首页的大图一般是主打的单个产品，可以让消费者知道本店热销产品是什么，将它置于首页最显眼的位置，用于宣传店铺最给力的活动和商品。消费者进入店铺首页第一眼就能看到店铺的爆款商品和潜在爆款商品(图 2-85)。

图 2-85　主推商品

四、打折促销海报

促销的产品最容易吸引消费者的眼球，也容易刺激消费者购买，特别是限时购买的海报，无时无刻都必须要做，制造一种机会难得的紧张感(图 2-86)。

图 2-86　打折促销海报

五、商品分类

将店铺的所有商品进行合理分类(图 2-87),让消费者以最短的时间快速了解店铺的分类信息,从而精准地查找所需要的商品。

六、商品陈列展示

以不同的陈列方式可以展示大分类信息中的不同类别。商品陈列展示时可出现该陈列区域的主推单品海报(图 2-88),既可以宣传商品又使页面整体美观、不单调。

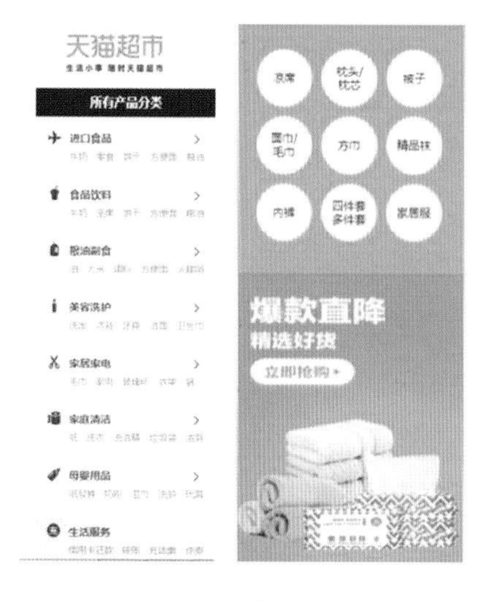

图 2-87 商品分类

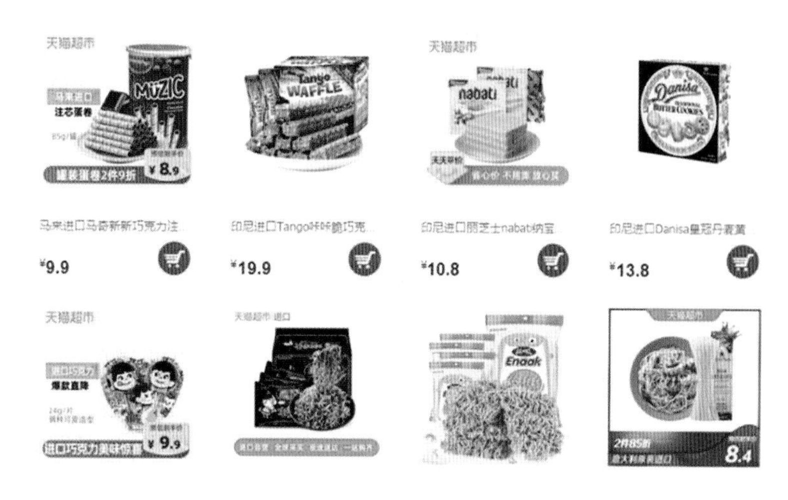

图 2-88 商品陈列展示

七、搭配推荐

在店铺首页的左侧可以插入收藏模块、搜索模块、分类模块、客服模块等必备的基础模块。在店铺首页的右侧可以插入搭配商品区域、清仓区、特价区等商品模块。这样不但丰富了店铺首页的布局,也可以增加店铺黏性,提升消费者的忠诚度(图 2-89)。

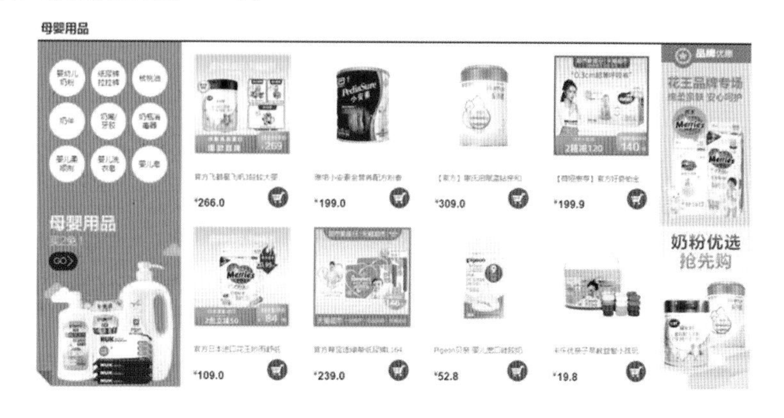

图 2-89 搭配推荐

八、店铺页尾

店铺页尾(图 2-90)是必不可少的装修模块之一,能起到宣传、告知等作用。店铺页尾包括联系客服和收藏本店或返回首页的链接。在消费者浏览完页面后,为方便消费者可以联系客服、收藏本店等,店铺页尾会设置购物指南、售后服务等模块,节省消费者寻找链接的时间。

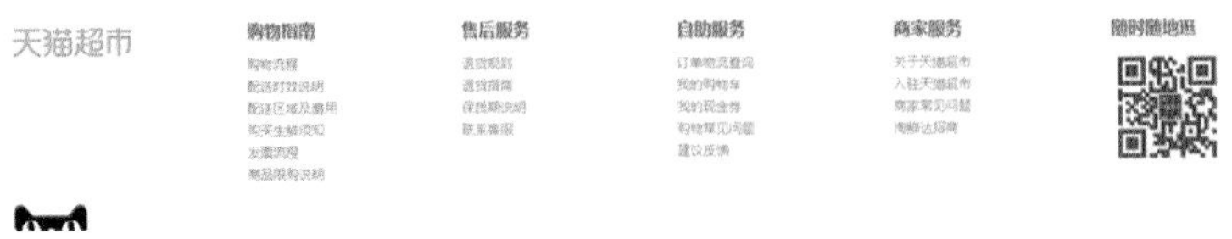

图 2-90　店铺页尾

任务小结

网店装修花样繁多,如何巧夺天工,吸引消费者眼球,成了网店商家装修中的重中之重。网店装修首先要确定店铺的整体风格,卖什么产品就用什么风格,如果风格与产品不搭,会给人一种不伦不类的感觉;此外,网店的各个页面、元素最好也保持相同的风格,才能使网店有整体感;而且装修还须让消费者能很方便、快捷地了解到产品的性能、特征等。

任务六
电商美工文案编辑

明确项目目标后,快速了解消费者需求,并密切与相关协同部门合作,提供快速、精准、精彩的案头支持。做好宣传推广文案及宣传资料文案的撰写,并且开展电商活动,做好推广的流程管理。

网店与实体店一样会不定期地举行促销活动(如聚划算、淘抢购、新品上线、满减等)这些活动不仅需要大量的图片进行展示,还需要添加必要的说明性文字和宣传文字,以便更好地突出商品的特点,让消费者一目了然。

下面对文案在电商美工中的重要性以及文案的策划与编写分别进行介绍。

一、文案在电商美工中的重要性

(一)图文并茂,突出卖点

网上购物的买卖靠的是图片与文字来介绍商品,没有文字的图片无法完整表达商品的特色和卖点;而没有图片的文字则无法吸引消费者。因此图片与文字两者缺一不可(图 2-91)。

(二)精准有效地抓住消费者

优秀的文案能有效地吸引消费者,精准地抓住消费者。优秀的文案相当于一名优秀的导购员,不仅能

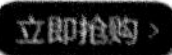

图 2-91 图文并茂,突出卖点

很好地介绍商品,还能降低消费者的咨询量。

(三)增加品牌力度

以详情页为例,没有文字阐述的详情页,就像商品没有灵魂。而对于大卖家来说,专业的文案无疑是增加品牌力度的重要手段。

二、文案的策划与编写

在大型的网店中,文案和美工是分开的。当需要文案时,美工只需要和文案策划进行沟通即可。而在一些小型的网店中,为了减少成本的投入,往往会将文案的策划与编写都交由美工来完成,此时美工了解一些文案的策划与编写方法则变得尤为重要。

(一)如何进行文案的策划

文案不是信手拈来的,一个优秀的文案需要做好充足准备。

文案写作前需要进行详细的市场调研,该调研不只是对某一款商品进行市场销量预估,还需掌握店铺所在行业的行情。

文案写作的前期准备可从以下三个方面着手进行。

1. 了解商品信息

对商品的基本信息进行了解是写文案的前提条件,商品的基本信息包括商品的特色、材质、尺寸、规格、特点等,从基本信息中寻找关键词,从关键词中提炼卖点。

2. 商品图片的准备

根据相关的节日和活动收集商品图片、广告图或其他素材图。

3. 了解同行信息

俗话说"知己知彼,百战百胜",不仅要了解自家商品的特点,还要对同行的商品信息进行分析和对比,取其精华,然后结合自己商品的特色扬长避短。

(二)一个优秀的文案需要考虑的因素

文案的视觉表现有了文案写作方向和主题后,还需考虑文案与图片进行融合,此时就需要通过视觉来体现,常用的方法是通过字体、颜色和粗细来进行表现。

1. 文案的受众

所谓受众就是指信息传播的接收者，写文案前必须弄清文案所面对的目标人群。可以将目标市场进行细分，通过相关指数可以了解该商品的具体消费人群。

2. 文案的目标

写文案的目的是营销，这点是毋庸置疑的。除此之外，文案还可以提高品牌知名度，加深消费者对店铺或品牌的印象。

3. 文案的主题

文案的主题主要有两个方面：一方面是商品的特点，该特点需要使用简单的词汇表达出主题信息（图 2-92），以满足消费者的需求。另一方面要和利益挂钩，通过折扣、满减等促销信息（图 2-93），吸引消费者。

图 2-92　商品的特点

图 2-93　折扣与满减

4. 文案的视觉表现

明确文案的主题后，以何种形式放置于图片上？这就涉及文案的视觉表现（图 2-94），可以以字体、颜色和粗细来表达文案的主题，突出重点。

图 2-94　文案的视觉表现

文案是展示产品特点和卖点的主要途径，在不同的图片使用上，需要不同的文案来进行表达。

(三)店内页面文案

店内页面包括店铺首页、详情页和活动页等。这些页面的文案是为了给消费者提供良好的购物体验，包括活动的说明、产品的说明和店铺的说明等(图 2-95)。

(四)店外促销广告

店外文案(图 2-96)，如钻石展位(淘宝网图片类广告位竞价投放平台，是为淘宝店家提供的一种营销工具。)和直通车等，以精简的文案吸引消费者，获得点击量。

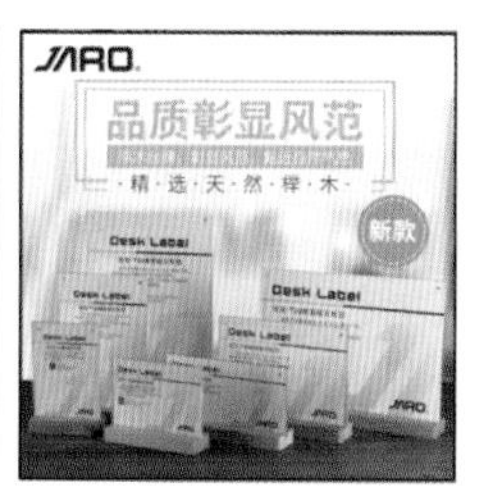

图 2-95 店内页面文案

图 2-96 店外文案

(五)首页文案布局

首页是一家店铺专业与特色的体现之处。首页通常由很多模块组成，而不同位置的文案也不同。

(1)页头。页头是店铺的顶部，包含了店招与导航等部分(图 2-97)。

图 2-97 页头

①店招。消费者通过搜索所需商品，从而进入商品店铺首页，进入首页后首先看到的就是店招。店招包含了店铺商品、店铺品牌、店铺价位等重要信息。这对消费者是否选择继续浏览起到了一定的作用。因此在设计店招时要注意品牌定位、产品定位、价格信息等方面。

②导航。导航菜单以热门产品分类、主推产品和热门搜索为主。主要分为隐形导航、半隐形导航和显形导航等。

(2)通栏。首页并不能囊括所有内容，而大部分信息是在自定义页面进行展示。通栏的作用是将这些自定义页面用清晰明确的方式进行介绍(图 2-98)。通栏一般放在店招的下面，一般有全部分类、信用评价、会员制度、品牌故事等常用的通栏设计。

(3)页中。页中包括首焦、优惠活动、分类导航、主推产品以及产品展示区等。

①首焦：首屏的大海报或轮播海报(图 2-99)，根据店铺的活动来确定不同的文案。

②优惠活动：优惠券信息和活动信息(图 2-100)。

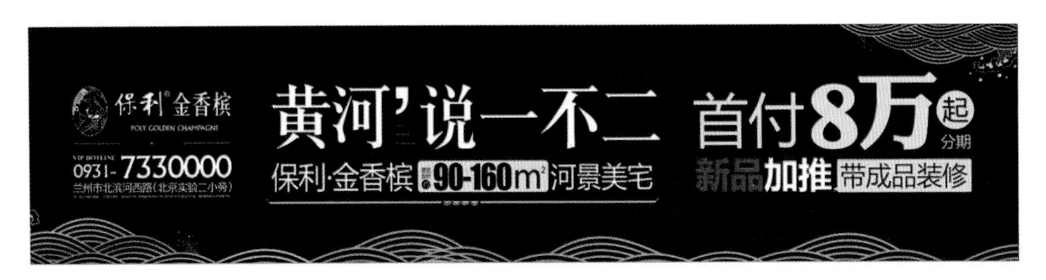

图 2-98　通栏

图 2-99　首焦海报

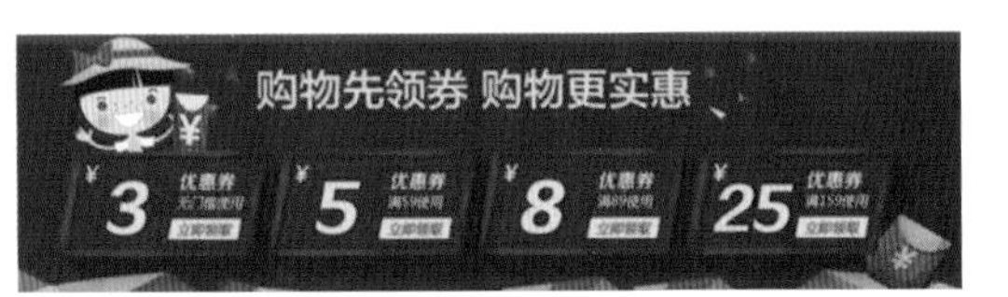

图 2-100　优惠活动

③分类导航：主推导航和产品分类导航名称。分类和导航的作用类似，只是分类的展现会在更多产品页面的左侧得到展示，而导航仅在首页展示。分类可以使用纯文字(图 2-101)，也可以使用图文结合的方式划分一级、二级栏目(图 2-102)。

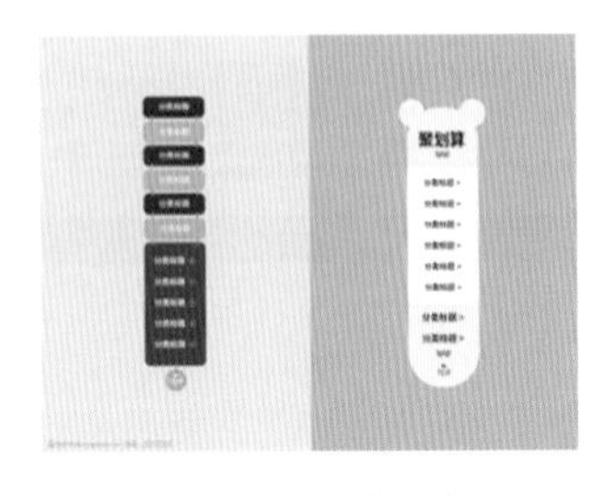

图 2-101　纯文字

图 2-102　图文结合的分类

④主推产品：主推产品小海报广告语(图 2-103)，包括活动主题和促销信息等。

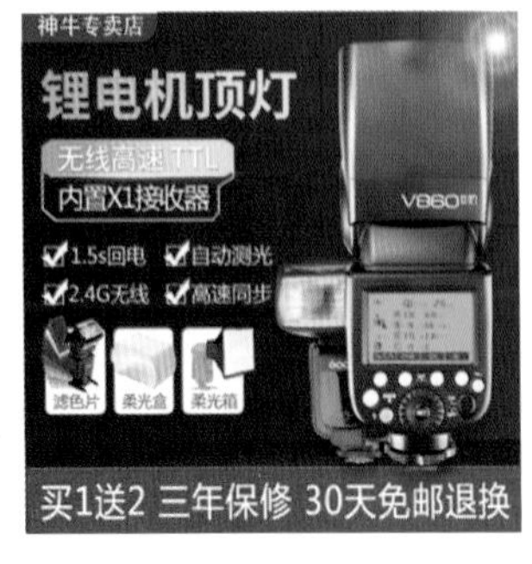

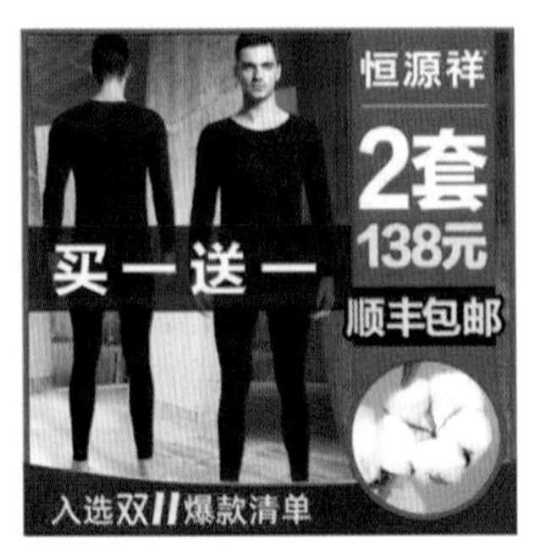

图 2-103　主推产品

⑤产品展示区:根据不同类别展示产品,产品名、价格和购买按钮要突出显示(图 2-104)。

图 2-104　产品展示区

(4)页尾文案。主要有店铺 Logo、标语、客服、返回首页、收藏和分类导航等(图 2-105)。

图 2-105　页尾文案

(六)详情页文案布局

自七星产品出现以来,优化商品等级让运营乐此不疲,而提升等级的其中一个规则就是在详情页增加文字描述,但加什么样的文字才不徒增累赘,提升价值呢?这需要对详情页的文案进行构造和布局。

详情页有一个固定框架,应有的属性介绍、产品展示、物流信息、售后服务等属于基本的内容,若想要更具有优势,就要突显其特点。

1. 具象、简洁文字描述

文字描述具象化,能让消费者如临其境是最好的选择。如推荐按摩球,其中按摩球的大小、手感、形状、危险性自然成为消费者关注的重点。就拿大小这一点来讲,如果直接说大小适宜或者用精准的数字描述,许多消费者很难在脑子里形成具体的物象,但如果说可以放在口袋里,那么画面会立即传递给消费者,让消费者能更准确地知悉产品属性(图 2-106)。

文字简洁又具有概括性在这个几秒钟浏览的时代非常重要。

大量文字虽然能表达产品更多的信息,满足产品七星的要求,但同时也容易流失潜在消费者,在短时间内不能勾起消费者的购买欲。如行李箱,最重要的就是大小、材质、滚轮、外形,当展示它的样式时,像独立收纳袋设计、可容纳 15.6 寸的笔记本电脑这种语言(图 2-107),就能使消费者对行李箱的结构等方面进行了解。

图 2-106　文字描述具象化

图 2-107　文字简洁又具有概括性

2. 活动折扣

通过活动折扣来吸引并留住消费者是最常见的方法(图 2-108)。

图 2-108　产品活动折扣

3. 产品卖点

尽可能地挖掘产品的卖点,将产品特色全部展示出来,以引起消费者的注意,如图 2-109 所示。

4. 戳中消费者痛点

产品卖点正是用于解决什么问题,这个问题也就是消费者的痛点,如“皮肤出现痘痘”“惹上熊猫眼”等文案(图 2-110)。

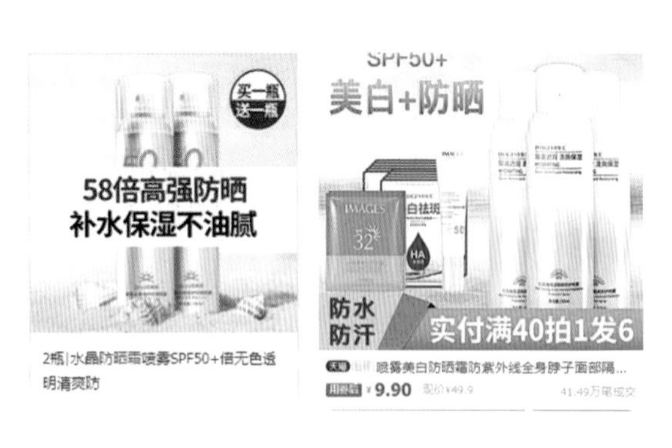

图 2-109　产品卖点

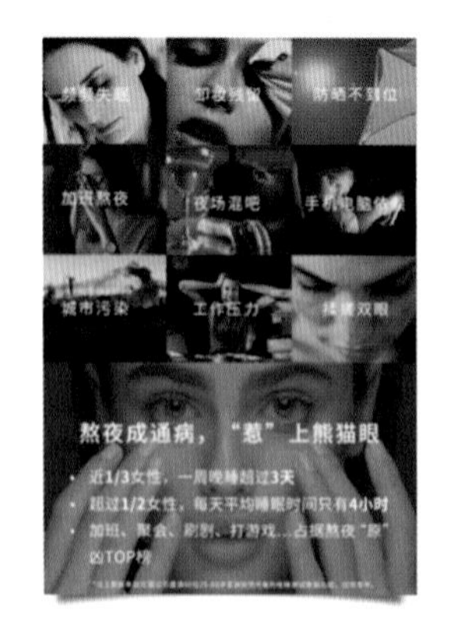

图 2-110　戳中消费者的痛点

5. 提升兴趣

文案描述出本商品能解决前面提到的问题和烦恼——“无惧熊猫眼,双眸更闪亮”(图 2-111),提升消费者兴趣。

6. 刺激欲望

产品细节、产品优势和效果图等(图 2-112),从各方面展示产品的效果,刺激消费者的购买欲望。

图 2-111 提升兴趣

图 2-112 刺激欲望

7. 消除顾虑

展示品牌文化权威认证和无理由退换货等,打消消费者心中疑虑。编辑文案,不是说质量好、品牌好,消费者就一定会认可,还需要添加一些证明文字,如“月销×××件”,这样不但说明产品销量好,还体现产品的品质,无形中增强了消费者的消费信心(图 2-113)。

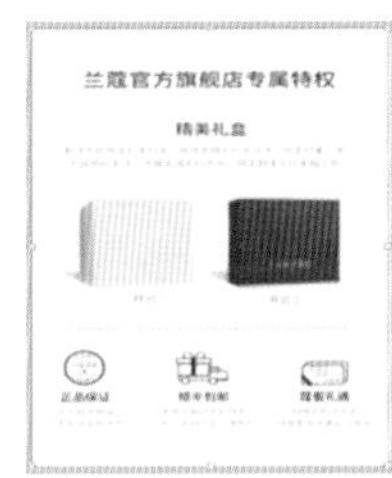

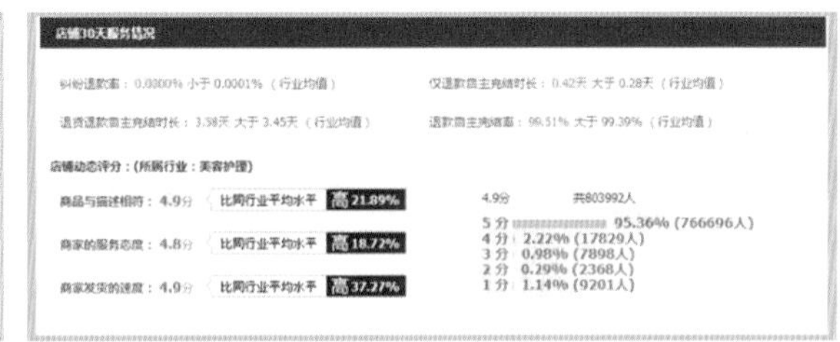

图 2-113 消除顾虑

任务小结

要想写出一篇优秀的商品销售文案,除了要有基本的文字编写功底外,还要掌握一些文案写作的要点,彰显定位,增强消费者信心。

网店装修是提高网店销量和转换率的一条快捷通道,网店装修常见的网店装修误区和技巧需要注意以下事项。

1. 不要盲目跟风、无主见

很多卖家都会参考同类目商品的网店,然后进行装修。但我们作为专业美工要取其精华,去其糟粕,而不是盲目地跟风。装修时一定要根据自己店铺的实际情况进行操作,贴合实际,效果才会更好。

2. 图片过多、过大,会延长显示时间

很多卖家都会在首页放置略大的图片,来吸引消费者的注意。然而内存大的图片加载起来很慢。试想一下,如果三分钟过去了,首页的图片还没有加载完,试问有几个消费者能有耐心等待?

3. 导航栏混乱

导航混乱,没有清晰明确的顶部导航。导航栏是引导目标消费者进入相应板块的重要环节,导航栏设置不明确,起不到明显的引导作用。

4.配色不宜过多

首页配色不宜过多。很多卖家在网店首页装修设计的时候,会配多种颜色,而且更可怕的是颜色跳跃太过于刺眼。版面的配色最好不要超过三种颜色,否则会让消费者感觉琳琅满目,像是进了一个杂货铺。

5.网店装修无重点

网店装修不能抓住重点,完全根据店主自我的喜好进行设计装修,可能会造成消费者的疑惑,消费者并不一定喜欢这种设计风格。

6.首页设计不要过于复杂,应简单有重点

很多卖家认为店铺首页设置的内容越多越好,其实不然,简单有重点,才能更好地发挥首页的引流作用。首页设计得太复杂,有的店铺首页多达八屏以上,会让消费者失去浏览的耐心。

7.商品详情页入口不要设置太多

商品的详情页入口设置得太多,就不能很好地、集中地把消费者引流到网店的优势商品上,反而容易流失消费者。

8.忽略首页的搜索功能

很多卖家都会忽略首页的搜索功能,网店的商品越多,这个功能就越重要。如果你的店铺商品超过100个,请别忘记在首页下方加入快捷搜索框。设置好这个功能,可以有效地指导消费者购物。

网店装修不能一味追求时尚好看,要精准定位,要符合大多数消费者的消费心理才是制胜王道。

思考与练习

1.商品照片的拍摄需准备哪些工具?

2.商品照片的拍摄与处理应掌握哪些技巧?

3.模拟化妆品店铺在淘宝店铺上进行销售,对化妆品进行拍摄与处理,并记录拍摄心得与处理方法。

4.模拟化妆品店铺在淘宝店铺上进行销售,对化妆品进行拍摄与处理。完成首页海报设计,使用衬线字体和无衬线字体设计各一幅。

5.模拟化妆品店铺在淘宝店铺上进行销售,对该商品进行拍摄,并进行后期图像处理,完成化妆品店铺的网店布局。要求:风格定位准确、色彩搭配协调和页面布局合理。

6.模拟化妆品店铺在淘宝店铺上进行销售,对该商品进行拍摄,并进行后期图像处理,完成化妆品店铺的电商美工设计。要求:风格定位准确、色彩搭配协调和页面布局合理。

7.根据常见网店装修误区和技巧,结合自身所做的网店设计,谈谈设计网店时还需要注意哪些方面的问题。

8.根据“精准定位的江小白”项目,设计网店布局。

项目三

店铺页头设计

项目知识点

店铺 Logo 的设计方法；
个性化店铺的店招设计；
快速导航条的设计方法。

项目技能点

对自己拟经销的一种商品的店铺店招在设计中能突出促销信息或者卖点，简明扼要；能对所包含的配色、布局、字体、文案，设计出消费者所喜爱的风格。

实训内容

为自己拟经销的商品，根据其商品的类别，对店铺店招进行风格确定，对其色彩、文字、图形等进行布局。

任务展开

1. 活动情景
对所选取商品分组进行讨论，写出设计思路并讲述；
收集有关文字、图片、实物，对所选取商品进行设计，并记录每一个步骤所展示的信息。
2. 任务要求
充分理解和掌握淘宝店铺店招美工设计的要求；
分析和处理店铺店招美工设计中出现的不和谐因素。

考核重点

对店铺 Logo、优惠券、导航条设计以及排版布局的掌握能力。

任务一 Logo 设计

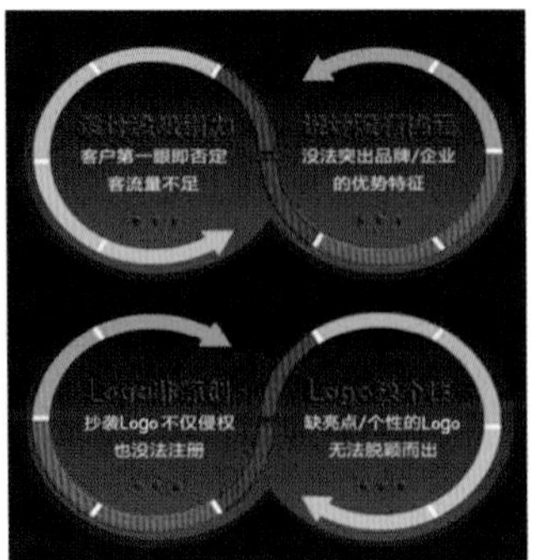

图 3-1　Logo 设计的重要性

店面的装修设计直接影响消费者对店铺的第一印象(图 3-1)，Logo 作为店铺最重要的标志之一，常常出现在店铺的店招(即店铺招牌)和其他商品图片中，展示店铺的独特个性，起到宣传店铺的品牌价值，将店铺的内在形象、特点与其他店铺区分开来，增加店铺的辨识度，从而形成店铺的品牌烙印。

一、Logo 的表现形式

Logo 设计多种多样，有文字 Logo、图形 Logo、图像 Logo 和图文结合型 Logo，具体如下。

(一)文字 Logo

基于品牌文字的 Logo，其设计方式通常是将品牌的名称、缩写或是抽取个别有趣的文字，通过排列、扭曲、颜色变化等设计成标志。其中有中文文字型、英文文字型、中英文组合型(图 3-2)。

图 3-2　文字 Logo

(二)图形 Logo

通常以具体的图形来表现品牌的名称或商品的属性，如鞋店使用鞋子的图形作为 Logo，自行车品牌使用自行车的图形作为 Logo，钻石品牌直接使用钻石图形作为 Logo(图 3-3)，相较于文字 Logo，图形 Logo 表达的含义更为直观，也更具有感染力。

图 3-3　图形 Logo

(三)图像 Logo

通常情况下，图像 Logo 都会使用企业创立者的头像，如肯德基、马家老鸡等品牌(图 3-4)。此外，图像 Logo 可以根据企业的名称设计一款与其品位相符的图像，也可以对创立者的头像进行简化处理和创意制作。

图 3-4　图像 Logo

(四)图文结合型 Logo

以具象或抽象的图形，结合品牌名称制作而成的 Logo，如西凤酒、三只松鼠、欢乐淘商城等品牌均是以图文结合的形式来展示 Logo 的(图 3-5)。其中，抽象的图形与公司名称、商品属性等并无明显联系。

图 3-5　图文结合型 Logo

二、Logo 设计的原则

Logo 设计看起来很简单，但事实并非如此，其设计需要想法和创意，在多元素相结合的前提下，应遵循以下原则：①简单，Logo 越简单识别度就越高，也越容易让人记住，且应用范围越广；②易识别，Logo 要能让人快速记住；③永恒，Logo 要能够经受时间的考验；④通用，Logo 要能在各种媒介和应用上使用；⑤合适，Logo 要符合自身的品牌定位。

（一）简洁

Logo 设计唯一要做的是让它与众不同、令人难忘以及清晰明了。简单、容易辨认的 Logo 设计，有着令人难以置信的识别效果。

好的原创 Logo 一般不会过于夸张，而复杂的 Logo 并不会让品牌变得精致成熟，只会让人觉得设计师不懂简洁的内涵。

耐克商标上的那个“勾”、苹果公司被咬了一口的“苹果”、麦当劳独特的“M”（图 3-6），这些较具识别度的 Logo 都具有一个共同点：它们都非常的简洁。

图 3-6　简洁而不简单的 Logo 设计

优秀的 Logo 设计能够立刻传达出品牌的整体形象。如乐高的 Logo 体现出了孩子们玩玩具时的开心快乐；宝马的 Logo 以蓝天、白云为搭配，加上字体的设计，给人留下干练、富有科技感的印象（图 3-7）。世界知名企业的 Logo 都有其背后的品牌故事，这些品牌故事使得这些 Logo 具有独特性。

图 3-7　知名品牌的 Logo 设计

（二）难忘和永恒

Logo 设计除了简单和具有内涵之外还应具有记忆性。一个有效的 Logo 设计应该是独特的、明确的、难忘的。例如，百度 Logo 的设计特立独行（图 3-8），在品牌塑造上，百度已被证明做得极为成功，而在视觉表现层面上，百度系列产品具备着一致性和连贯性，这让百度获得了品牌识别上的巨大利益。

图 3-8　百度 Logo 的设计

一个有效的 Logo 应该是永恒的，经得起时间的考验，10 年、20 年或 50 年之后依旧能保持它独特的魅力。对品牌形象而言，永恒是关键。

(三)强大兼容功能

Logo 作为视觉品牌的基石，意味着它必须是可重复使用的。一个有效的、优秀的 Logo 应该是可以跨越各种各样的媒体和应用程序的。

Logo 应设计矢量格式，以确保它可以扩展到任何尺寸。Logo 可能会印在名片、T 恤或者非常大的广告牌上。既有可能使用传统的印刷方法(如胶印和丝网印刷 T 恤)，还有可能利用在网站和其他基于像素的媒体上。

(四)艺术美

遵循 Logo 设计的艺术规律(如装饰美、秩序美等)，创造性地探求恰当的艺术表现形式和手法，锤炼出精当的艺术语言，使所设计的 Logo 具有高度的整体美感，还有其独特的艺术形式，以获得最佳视觉效果。例如，2022 年北京冬奥会会徽，以汉字“冬”为灵感来源，运用中国书法的艺术形态，将厚重的东方文化底蕴与国际化的现代风格融为一体，呈现出新时代中国的新形象、新梦想，传递出新时代中国为办好北京冬奥会，圆冬奥之梦，实现“三亿人参与冰雪运动”的目标，圆体育强国之梦，推动世界冰雪运动发展(图 3-9)。

图 3-9　2022 年北京冬奥会会徽

三、店铺 Logo 设计的注意事项

店铺 Logo 的设计目的在于创建网络品牌，使其在消费者心中留下品牌烙印。因此制作过程中需注意以下事项。首先必须符合网站对店铺 Logo 的尺寸、格式、分辨率的规范要求；其次选择一款合适的字体(图 3-10)；再次选择合适的图案(图 3-11)；然后选择合适的配色(图 3-12)；接着保持简洁(图 3-13)；最后是富有创意，为 Logo 设计一个故事。

图 3-10　选择一款合适的字体　　　　图 3-11　选择合适的图案

图 3-12　选择合适的配色　　　　图 3-13　保持简洁

(一)尺寸和格式

在网店上传商品图片和装修不是一件容易的事情,图片太大显示不完整,图片太小又会留下空白,所以对图片尺寸的要求很严格。

网店 Logo 的建议尺寸为 100 像素×100 像素。在实践中可根据网店的特性进行设计。图片的格式为 jpg、jpeg、png,一般不支持 gif 动画和 bmp 位图格式。

Logo 图片的文件存储应控制在 30 KB 以内。若 Logo 图片文件存储大于 30 KB,可使用 Photoshop 或 Fireworks 软件对图片进行压缩。

(二)先从黑白手绘稿开始设计

在设计的初期阶段,颜色是次要考虑因素。最具识别性的 Logo 都是从黑白手绘稿开始设计的(图 3-14)。

(三)最多使用三种颜色

知名品牌 Logo 很少有打破这项规则的,而事实证明这也是经过现实考验,符合实际的配色原则。一个经典、永恒、让人印象深刻的 Logo 通常都采用简单的、较少的配色。Logo 常用的色彩为三原色,即红、黄、蓝。这三种颜色的纯度高、亮丽,更容易吸引人的眼球,如腾讯视频的 Logo(图 3-15)。

图 3-14　结善堂黑白手绘稿 Logo 设计　　　　图 3-15　腾讯视频 Logo

(四)使用 1～2 种字体

要想 Logo 呈现清楚且具有整洁的效果,那就只采用 1～2 种字体。根据设计对象和用户的需求,选择刚硬或是温柔的字体类型(图 3-16)。

图 3-16　使用 1～2 种字体

(五)实用性功能高于独创性

设计好的 Logo 一定要有它自身的含义,具有实用性(图 3-17),否则即使做得再漂亮、再有创意,也只是形式上的完美,并没有实际意义。

图 3-17　注重实用性的指示 Logo

(六)删除多余的细节

设计 Logo 时无关紧要的东西都应删除,优秀的 Logo 不能有多余的装饰。

不要出现技术上不应该犯的错误,比如不要有重叠的曲线,线条尽可能平滑,尽量减少节点。如果 Logo 是对称的,则必须做到完美对称(图 3-18)。

将 Logo 制成不同的尺寸进行对比,比如分别制成适用于邮票与卡车的尺寸,大尺寸的 Logo 可以暴露出很多错误和缺点,也可以利用网格系统,避免一些错误(图 3-19)。

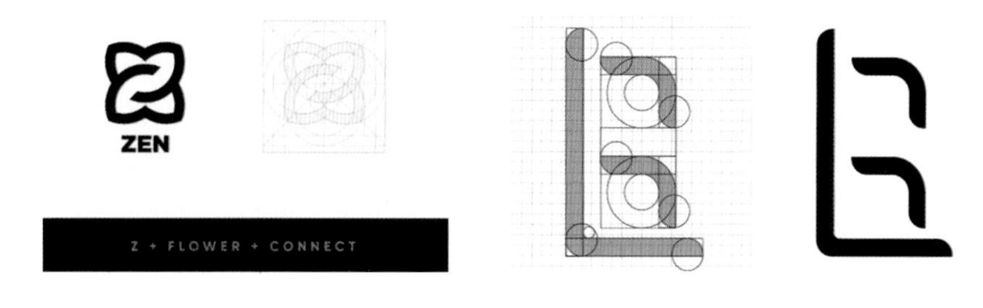

图 3-18　完美对称　　　图 3-19　利用网格系统查看

(七)不要直接套用素材图形

不管在什么情况下,都不要直接套用素材图形,否则会让 Logo 失去独特性。如果直接套用素材图形,有可能会和竞争公司 Logo 的某些图形重复。

(八)新公司不要使用缩略名

刚成立不久的公司最好不要使用缩略名。虽然使用缩略名是个行之有效的策略,比如 IBM、KFC,或者 AOL 的 Logo 就很成功,但是这些品牌名是历经多年、花费巨额资金在市场上进行广泛的宣传和传播才达

到如此好的效果的。

(九)Logo 的店铺应用

Logo 要在一定时间段内保持稳定性和一贯性,切忌经常更换店铺 Logo 或随意更换店铺 Logo 的颜色、字体等,否则会给消费者留下不严谨、诚信度低等印象。

(十)不要一开始就从字母组合开始设计

新手设计师通常一开始设计,就以公司名字的字母组合方式去设计(比如叫“Great Company”的公司,就以字母“G”和“C”组合设计 Logo)。这看起来是个好方法,但是却很难建立公司的知名度以及传播品牌信息。这种字母组合式 Logo 在时装界很常见,但并不适用于所有的行业。如果能对字母加以变形设计,则有意想不到的效果(图 3-20)。

图 3-20 字母加以变形设计

(十一)选择合适的软件

用 Photoshop 和 Gimp 制作的(位图图像)Logo 并不能确保可行性,当需要印刷 Logo 或者放大很多倍时,有可能会出现很多问题,如用位图软件制作的 Logo 不能保证放大之后仍然清晰有效。一个专业的 Logo 必须在不同的设备上都保持一致性。用 AI、CorelDRAW 制作的矢量 Logo 放大任何倍都不会损失图片质量。

(十二)要有法律意识

一定要避免所设计的 Logo 触及敏感的字样、形状和语言。每一个人都应在既定的秩序中找到自己的位置,进退有据、运行自如。而铁面的法律,以及人们对法律的尊重和信仰,则是保证这个秩序的基础。

四、店铺 Logo 设计的步骤

美工设计人员在设计 Logo 的过程中,需要经过以下七大步骤:①前期进行资料准备;②研究并自由讨论;③画出 Logo 的草图;④设计出 Logo 的原型并进行构思;⑤将 Logo 送至客户处进行审核;⑥修订和润色;⑦向客户提交 Logo 文件并提供客户服务。

交给客户的 Logo 设计应有以下几方面的内容。

(一) Logo 制图标示

常用的 Logo 制图标示法主要有网格标示法、比例标示法、圆弧角度标示法等。大家可以按照自己的制图喜好或擅长领域去选择应用,很多人也会选择结合多种标示法一起使用。

网格标示法(图 3-21)和比例标示法的主要特点是呈现出 Logo 的造型、比例、结构、空间和距离等关系,通常会以整个 Logo 图形外围总长作为一个单位尺寸,同时也是各部分比例关系的基础,然后在此基础上进行各部分之间的平衡设计。

图 3-21 网格标示法

(二)Logo 的组合规范

Logo 的组合规范有很多种,主要有标准色和标准字两部分。

1. 标准色

标准色是主体颜色,如可口可乐的 Logo 标准色是红色(图 3-22)。目前大部分印刷都要求 Logo 设计使用 CMYK 的标准色值,除此之外有时还需要设立辅助色。辅助色是指除标准色以外运用的色彩,如 Loremlpsum 的 Logo 中的蓝色(图 3-23(a))和 CREATIVE 中的橙色(图 3-23(b))就为其 Logo 的辅助色。在实际运用中标准色不能用或不适宜用的地方就用辅助色,辅助色以精、少为主,这也是 Logo 统一性的需要。辅助色是作为辅助出现的,比如底色等。

图 3-22 标准色　　图 3-23 辅助色

2. 标准字

Logo 的标准字通常有两种,原创设计字体和电脑原有字体。根据企业理念、设计需求等自行进行选择。如果选择原创设计字体,其笔画形态、线条粗细、字间的连接、配置造型以及设计中包括中文标准字和英文标准字的横版使用与竖版使用均需规范。

Logo 必须尽可能地适应不同的形式(如不同大小、单色黑白墨稿(正负形式)、水平和垂直方向等)。同时必须在不同的媒介(如手机、平板、电脑屏幕、报纸等)都能应用良好。确保 Logo 在单色制作时以及缩小尺寸后还能具有识别性,可以把 Logo 分别印在邮票和卡车上测试效果。在设计过程中,可以多制作几个不同版本、不同大小的 Logo。

(三)Logo 释义

在 Logo 设计中,设计说明是非常重要的部分,文案要能够把设计的理念用言简意赅的文字表述出来,同时也要把 Logo 中的设计元素,以及如何进行的图像提取和图形转化等交代清楚。

Logo 的释义一般用阿拉伯数字归纳表达,可以从 Logo 形态描述、图形要素构成和寓意这三个方面来阐述。

图 3-24 北京大学校徽

例如北京大学校徽(图 3-24)由鲁迅先生于 1917 年 8 月设计完成,Logo 采用“北大”二字的篆书,巧妙地将“北”字与“大”字的篆书进行了变化,使得这两个字的构成元素几乎完全一致。“北大”两字有如一人背负二人,构成了“三人成众”的寓意,其造型如同脊梁,给人以“北大人肩负着开启民智的重任”与祖国的“脊梁”的象征意义,突出了北大的办学理念,即大学要“以人为本”。大学,因大师而大,更因学生而大。鲁迅借此希望北京大学毕业生成为国家民主与进步的脊梁。

任务小结

Logo 的设计必须要对企业产品有充分了解。通过对 Logo 的理解,充分发挥想象,用不同的表现方式,将设计要素融入设计中。Logo 必须达到特征明显、造型大气、结构稳重;色彩搭配能适合企业,避免落入俗套。

任务二
个性化店招与导航设计

店招与导航位于网店首页的最顶端,是消费者进入店铺首页后看到的第一个模块,因此店招和导航是网店首页设计的重中之重。它们的主要作用是向消费者展示店铺的店名及所销售的商品等,并提供访问店铺各个功能模块的快速通道。

成功的店招通常采用标准的颜色和字体并且有简洁的设计版面。此外,店招一般包含精练、吸引力强的广告语,画面具备强烈的视觉冲击力,清晰地告诉消费者店铺销售的商品,而且通过店招也可以对店铺的装修风格进行定位。

店招在设计的过程中要遵循两点准则:美观性和功能性。美观性是指店招设计不但与店铺商品相符,还能够吸引消费者的眼球。功能性是指店招要有明确的品牌定位和产品定位。店招所包含的主要内容有店铺名称、品牌名称、店铺的 Logo、简短的广告语、广告商品图片等(图 3-25)。

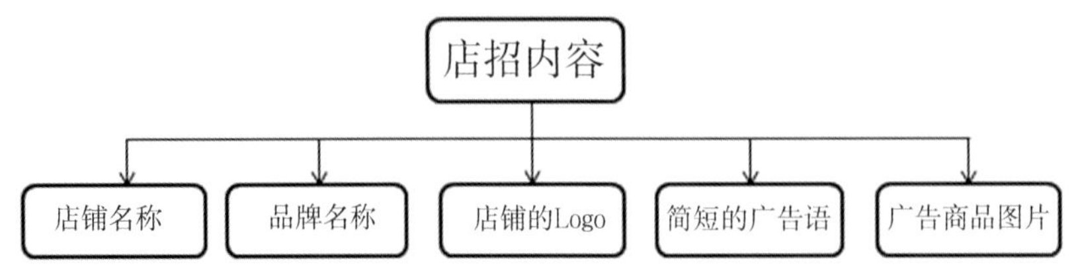

图 3-25 店招所包含的主要内容

一、店招的设计要求和原则

店招主要有两类:基础店招和通栏店招。一个好的店招要把握三点原则,即显示网店名称、定位准确、体现卖点。

(一)店招设计要求

(1)基础店招(图 3-26)。主要应用于旺铺基础版本,因为是免费版本,所以无法设计太多内容,重点设计店招部分。淘宝对基础店招的尺寸要求是 950 像素×120 像素(如果高度超过 120 像素,导航条会被覆盖),可以上传 gif、jpg、jpeg 和 png 四种图片格式。

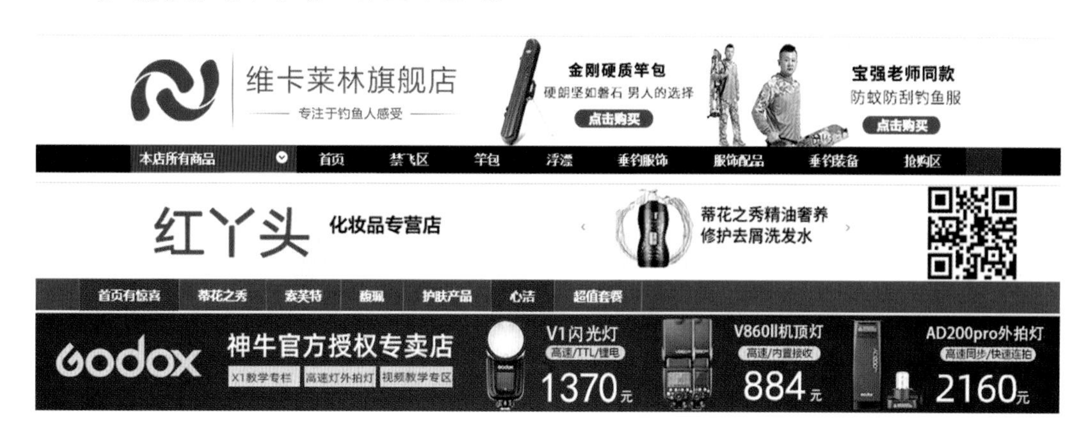

图 3-26　基础店招

如果是自定义设计,这些尺寸都可以进行修改。

(2)通栏店招(图 3-27)。主要应用于旺铺专业版本。可以利用其中的自定义店招模块,对店招进行多元化的设计,使店招整体看上去更美观。淘宝对通栏店招的尺寸要求是 1920 像素×150 像素(150 像素内包含店招(120 像素)和导航(30 像素)两部分),每部分所占的比例可以自行布局,可以上传 gif、jpg、jpeg 和 png 四种图片格式。

图 3-27　通栏店招

通栏店招宽度虽然可以制作成 1920 像素,但是店招和导航条上的文字内容,依旧建议淘宝店在 950 像素之内,天猫店在 990 像素之内。原因是如果店招上的文字需要添加超链接,那么超过 950 像素(或者 990 像素)的部分是无法添加超链接的。但是,为了店招的美观度,超过 950 像素(或者 990 像素)的部分可以用图片代替。

需注意的是，为了便于店招的上传，页头背景图片建议小于 200 KB，店招建议小于 80 KB，店招的格式应设置成 jpg、gif、png 等格式。

（二）店招的设计原则

店招是店铺的招牌，是店铺品牌展示的窗口，也是消费者对店铺第一印象的主要来源。鲜明的、有特色的店招对于卖家店铺形成品牌和产品定位具有不可替代的作用。

店招设计除了凸显最新信息，方便消费者查看外，还应注重网店商品的推广，给消费者留下深刻印象。因此，要求店招在设计上具有新颖别致、易于传播的特点，其布局的视觉设计要点如下。

（1）品牌形象的植入。通过店铺名称、Logo 展示。

（2）商品定位。展示店铺里销售的商品，精准的商品定位可以快速吸引目标消费群体进入店铺。例如，"乐扣乐扣千合专卖店" 店招（图 3-28）通过店铺的 Logo 和店铺的名称实现了商品品牌植入，通过放置店铺的乐扣产品来实现商品定位，不仅让消费者直观地看出店铺销售的商品，还能知道商品的大致样式，从而准确判断自己是否所需。

图 3-28 "乐扣乐扣千合专卖店"店招

（3）设置风格。当人们在网页上点开一家店铺的时候，首先映入眼帘的是店铺的整体风格，或清新、或运动、或休闲，是否和消费者所需要的情感需求相契合。因此，在设计之前，必须要充分了解店铺的定位（产品、价格、消费人群、消费诉求等）。高端消费人群具有较强的购买力，追求店铺的装修档次，追求群体归属感等，面对这样的消费者群体，需要做好心理分析和色彩分析；经济适用群体注重产品的性价比，购买力不强，但是基数大，因此需要注重气氛的烘托，以明亮喜庆的色彩作为店铺主色调。

（4）主题色调。在店铺的色调选择上，设计师需对不同的消费群体进行专业配色分析。如少女喜欢粉色系，中年人喜欢暗色系。找到消费群体易于接受的色彩体系，确定好主色调，然后合理进行辅助色的搭配，色彩主次分明。如果已经有了自己的品牌 Logo，那么可以和品牌 Logo 进行色彩提取，最好能与品牌形象色彩一致，这样能让消费者对该品牌保持特殊的记忆。如"婴幼儿用品专卖店"店招（图 3-29）设计以浅粉色为主，表现出温暖、明亮的感觉，使用明度较高的几种色彩来修饰画面，烘托出婴儿娇柔、稚嫩的肌肤质感，让店铺形象更加活泼、可爱；使用浅色的蕾丝图案作为店招背景，营造出漂亮、灵动的视觉效果；采用俏皮可爱且圆润的字体来突出文字，使整个画面风格更加统一。

图 3-29 "婴幼儿用品专卖店"店招

“欣兰雅舍旗舰店”店招(图 3-30)的橘红色是象征着太阳的色彩,使用橘红色能让色彩与商品的特点更加吻合。为了凸显店铺的品质感,让消费者给予店铺更多的信任,该店招在设计制作过程中还使用了不同的字体及颜色等,以此打造精致的画质感。

图 3-30 “欣兰雅舍旗舰店”店招

(5)合适的店招素材。素材要适合网店的风格,清晰度要高,且没有版权纠纷。可从网上或日常生活中选择合适的店招素材(图 3-31)。

图 3-31 “富士官方专卖店”店招

(6)凸显店铺的独特性质。店招是用来显示店铺性质的,要让消费者感受到店铺的风格和品质,在制作时可适当添加一些个性化的设计,让店招与众不同。醒目的颜色、独特的图案、漂亮的字体和直观的动画效果,均可给人留下深刻的印象。

(7)简约而不简单的店招。网店首页的店招和实体门店的店招有着同样的效果。消费者在逛街时为什么会进入这家店铺,无疑是被精美的店招和橱窗所吸引。网店店招要在品牌形象、经营类目、首页色彩呼应等方面进行合理搭配设计,这样一来,简约而不简单的店招就应运而生了。

二、导航条设计

导航条位于店招下方,是店铺的重要组成部分,也是对店铺层次结构的罗列。消费者单击导航条中的相关内容,可以快速跳转到所需的页面。

在导航栏设计中能够利用的空间是非常有限的,除了文字内容的不同之外,几乎很难再进行更深层次的设计制作。随着网店的导航栏对店铺流量的影响逐渐增大,更多的商家开始对网店首页的导航栏高度重视并用心设计。

根据导航栏在网页中的位置,常见的网页导航栏有以下几种类型。

(一)顶部水平导航栏

顶部水平导航栏通常位于网站页面的页首,适合显示 3～10 个导航项,是最常用的网站导航设计类型之一。当导航项与下拉子菜单结合时,可将网站所有重要的信息向消费者展示(图 3-32)。

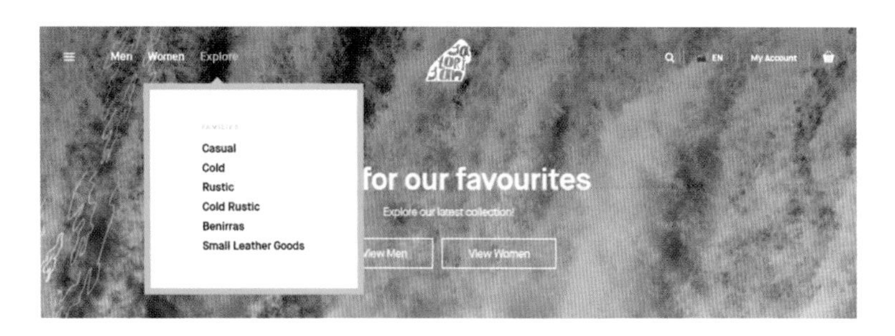

图 3-32 顶部水平导航栏

(二)纵向固定导航栏

纵向固定导航栏通常可以兼容不同的屏幕尺寸，不论页面滚动到何处，导航栏的位置都不会改变，从而既可节省空间，又可让消费者随时找到导航项(图 3-33)。

图 3-33 纵向固定导航栏

(三)底部导航栏

将导航栏放在页面底部，页首顶部少了导航栏的设计让页面看起来更通透，增加了页面的自由感。但底部导航栏有一定的局限性，一般用于以图片展示为主的页面中(图 3-34)。

图 3-34 底部导航栏

(四)场景导航栏

场景导航栏通常以图片作为背景，以图片中的元素作为导航项。这样的导航设计方式十分新颖，能给人自由放松的感觉。但由于背景复杂，设计场景导航栏需要设计师具备良好的画面掌控能力，否则难以突出导航项(图 3-35)。

TEAM
CONTACT
PROJECTS
ABOUT
beloesuhoe

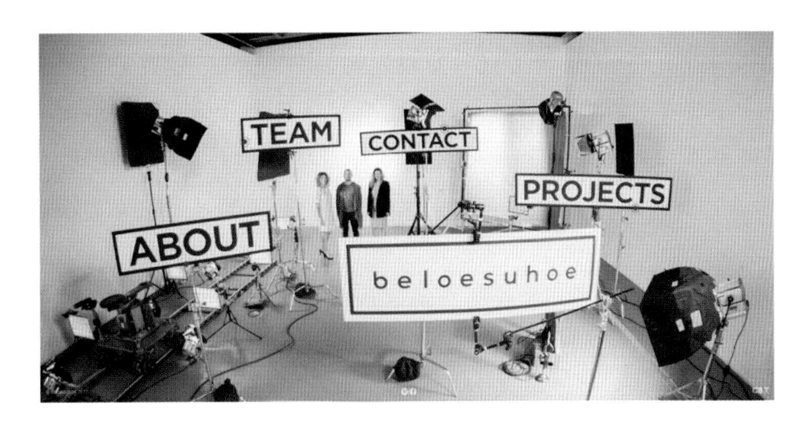

图 3-35　场景导航栏

导航条的设计需要与店招的风格和颜色相互呼应。为了便于消费者查看,导航条的设计要注意简洁,最多添加 12 项一级内容,建议添加时不超过 8 项一级内容;二级内容没有限制。淘宝对基础导航条的尺寸要求是 950 像素×30 像素;淘宝对通栏店招的尺寸要求是 1920 像素×30 像素(图 3-36)。

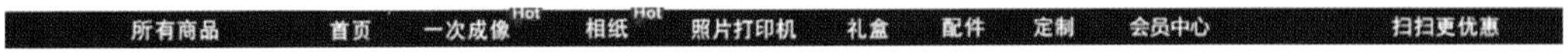

所有商品
首页
一次成像
Hot
相纸
Hot
照片打印机
礼盒
配件
定制
会员中心
扫扫更优惠

图 3-36　导航条店招下方位置设计

例如,以销售各种盆栽绿植为主的店铺店招(图 3-37),店铺主色调为植物的绿色。导航条摒弃了传统地放在店招下方的布局方式,选择了放在店招中部位置。同时,导航栏的文字背景色借鉴店铺的主色调,选用了深绿色,形成深浅对比,与店铺形象相呼应。

如水
首页
如水盆栽
如水组合盆栽

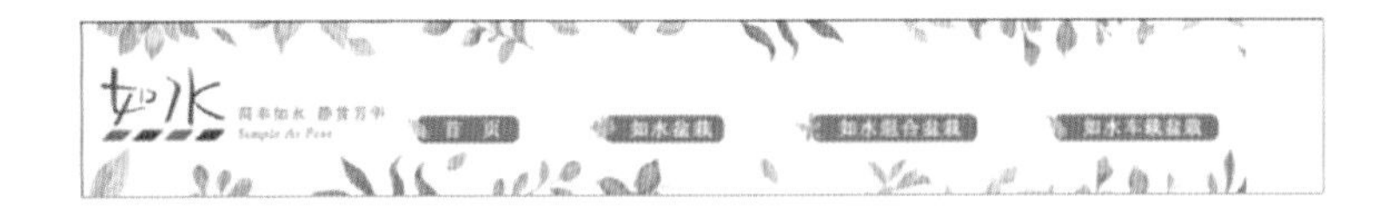

图 3-37　导航条店招中部位置设计

以下是导航菜单设计的检查表,可以按照下述内容对导航菜单进行检查。

(1)导航位置在页面上容易找到;

(2)只需要借助鼠标就可以操作整个导航菜单;

(3)每一个菜单项都是可以点击并正常跳转的;

(4)导航文字简短清晰;

(5)整个网站只使用一种导航菜单;

(6)鼠标移到对应的菜单项上时能凸显对应项;

(7)导航的菜单项不超过 8 项;

(8)导航的菜单项按照重要度依次排序;

(9)导航的风格和网站整体风格一致;

(10)导航菜单项可以被屏幕阅读器正确识别。

任务小结

1. 网店招牌是店铺第一屏内容，是消费者进入店铺看到的第一个模块，是打造店铺品牌、让消费者瞬间记住店铺的最好阵地。一个完整的店铺要求店招、商品、店铺风格相互统一，不能只考虑好看、个性，同时也不能出现与店铺的主题不搭或相悖的内容。此外还要考虑消费者的接受能力。开店的首要条件是打造好店铺招牌，不要浪费第一屏所带来的效益。

2. 在设计制作导航栏时，应当从店铺整体的装修风格出发来设计导航栏的色彩和文字部分。鉴于导航栏一般都出现在店招的最下方，因此，只要导航栏在设计和配色上能够与整个店铺首页和谐统一，就能够达到让人满意的效果。

思考与练习

1. 模拟淘宝店铺里同自己店铺所经营的同类产品的店铺的设计风格，对自己店铺的商品进行拍摄，并进行后期图像处理，且完成自己店铺的 Logo 设计。

店铺 Logo 设计要求：①尺寸要求：宽度为 80 像素、高度为 80 像素、分辨率为 80 像素/英寸。

②设计要求：有一定独特性、创新性，并且能够反映出店铺销售商品类型。

③存储要求：将制作好的店铺 Logo 图片储存为“店铺 Logo. psd”和“店铺 Logo. jpg”格式的文件各一份，储存到文件夹，其中 jpg 格式文件的大小在 150 KB 以内。

2. 模拟化妆品店铺在淘宝店铺上进行销售，对该商品进行拍摄，并进行后期图像处理；而且完成化妆品店铺的店招设计与导航条设计。要求：

(1)店铺店招。

①尺寸要求：宽度为 1920 像素，高度为 500 像素，分辨率为 72 像素/英寸。

②背景要求：自行选择素材，合成设计美观的店招背景图片。

③内容要求：店招设计主题与店铺所经营的商品具有相关性且具有吸引力和营销向导；店招中应添加店铺 Logo、店铺名称及宣传促销标语。

④存储要求：将制作好的店招图片储存为“化妆品首页店招. psd”和“化妆品首页店招. jpg”格式的文件各一份，储存到当前文件夹，其中 jpg 格式文件的大小在 150 KB 以内。

(2)导航条设计。

①尺寸要求：宽度为 1920 像素，高度为 150 像素，分辨率为 80 像素/英寸。

②背景要求：自行选择素材，合成设计美观的导航条背景图片。

③内容要求：导航条设计主题与店铺所经营的商品具有相关性且具有吸引力和营销向导；导航条设计中应添加店铺 Logo、店铺名称及宣传促销标语。

④存储要求：将制作好的店招图片储存为“化妆品导航条设计. psd”和“化妆品导航条设计. jpg”格式的文件各一份，储存到当前文件夹，其中 jpg 格式文件的大小在 150 KB 以内。

3. 请为自己的店铺按照以上的设计要求进行店招设计。

项目四

首焦(Banner)海报设计

项目知识点

认识网店首焦(Banner)海报;

能读懂客户需求信息;

能根据客户的需求信息进行首焦版面设计;

能结合广告内容和客户需求信息提炼出广告语。

项目技能点

能够熟练掌握网店首焦广告的组成元素在案例中的综合运用,并能进行网店首焦海报合理的构图样式的设计。

技能要求

能够注重效率与质量结合,学会快速制作一张打动人心的首焦海报。

实训内容

模拟对自己所经销的商品在淘宝店铺上进行销售,对首焦海报进行设计;

根据其产品的类别,对首焦海报进行风格确定、色彩搭配和布局设计。

任务展开

1. 活动情景

分组进行讨论,对选取的商品进行淘宝店铺首焦海报的模仿设计;

收集有关文字、图片、实物资料,对所选资料进行平面化处理,并记录每一个步骤所展示的信息。

2. 任务要求

充分理解网店首焦海报设计项目推出的目的;

掌握网店首焦海报美工设计的要求;

分析和处理美工设计中出现的问题。

考核重点

对图片处理、色彩搭配、页面布局的能力。

产品的品牌形象大多是通过海报传递给消费者的。海报与店铺的跳失率、转换率息息相关。没有视觉冲击率强的图片,很难做到一“页”成名。呼之欲出的滚屏海报对于店铺首页而言无疑是最重要的。滚屏海报一般以 3 张为佳。过多的海报会分散消费者的注意力,使消费者产生视觉疲劳。如果活动过多,可以放在首页底端,防止跳失率。

一、首焦海报设计流程

首焦海报设计流程为需求 → 评估(沟通,预估,前期准备)→ 制作 →反馈、确定初稿 → 跟进。

对于电商的美工设计者来说,某些美工设计,让人非常头疼。每年都会有相同的活动,但是如何做出更具吸引力的电商海报,还是需要花费一定精力的。那么如何才能够在活动中脱颖而出呢?

(一)了解电商主题需求

每年的活动都会有不同的主题，只有了解了活动的主题，在设计的时候，才能够使自己设计的内容更加符合主题。

(二)创意素材收集

在做相关的设计之前，一定要提前收集一些比较有创意的素材。通过这些素材的收集，能够给自己更多的创意设计灵感。因此，在设计过程中要具备创新的意识和创新的能力，在方案构思的过程中培养创新的素养。

(三)设计需求沟通阶段

在设计的过程中，最好能够将所有的相关部门集中在一起讨论，只有全面的讨论，才能够知道真正的需求点，这样也能够通过头脑风暴，找到更多的创意设计。

(四)优化设计稿

在设计初稿完成后，一定要不断地优化，从色彩搭配到设计字体的选择等，每一个细节都应该充分考虑。在优化的过程中，追求完美和卓越工匠精神，把敢于拼搏的精神贯穿于整个设计过程中，以加强文化自信。

(五)虚拟用户测试阶段

在电商海报设计出来之后，可以先进行一些虚拟用户测试，即日常收集的一些非正式的客户，通过这些客户的流量及反馈，再进行优化。

创意海报的设计，需要的是一个团队的齐心协力，而不是靠某一个人的思维就能够创作出来的，只有不断地沟通、优化，呈现出的作品才能够趋于完美，也才能够更加被大众所认可。

二、首焦海报中体现的元素

一个平面设计作品的构成归纳为主题、背景、文字、装饰。组成虽然不复杂，但是每种元素却可千变万化。

(一)背景

背景分为纯色(图 4-1)、渐变色(图 4-2)、图案(图 4-3)、拍摄场景(图 4-4)、P 新背景(图 4-5)。应使背景与其他元素融合，或与其他元素形成反差。如色融合、互补色反差、亮暗色反差。

图 4-1 纯色(简约、明确、大气)

图 4-2　渐变色（简约、高端）

图 4-3　图案（活力、张扬、促销）

图 4-4　拍摄场景（氛围好，更真实）

图 4-5　P 新背景

（二）设计三要素

首焦设计需要有吸引人的商品名、清晰美观的图片、醒目的价格和折扣、活动主题等元素，其主要表现在以下几个方面。

（1）抓住浏览者的注意力。通过色彩、动画、广告语、模特等来实现。

（2）传递信息主题。①什么主题吸引人？如应季、节日、促销等。②什么噱头能打动人？如折扣、价格（低至 69 元、9 元均价）、满减满赠（第二件半价）、品质保证（正品保证、全国联保）、抽奖、抢购等。

（3）诱使点击。如商品、广告语、模特、立即抢购的按钮引导等。

(三)常见首焦轮播海报结构

一张电商海报的基本组成包括产品、背景、文案。确定好构图版式,制作海报就成功了一半。常见的版式有左文右图、左图右文、两边图中间文以及由这三种版式变化而来的其他版式。

1. 左右结构

左右结构的海报如图 4-6 所示。

图 4-6 左右结构

2. 上下结构

上下结构的海报如图 4-7 所示。

3. 两边图中间文

两边图中间文的海报如图 4-8 所示。

4. 长条形

长条形的海报结构有无按钮型(图 4-9)和按钮型(图 4-10)两种。

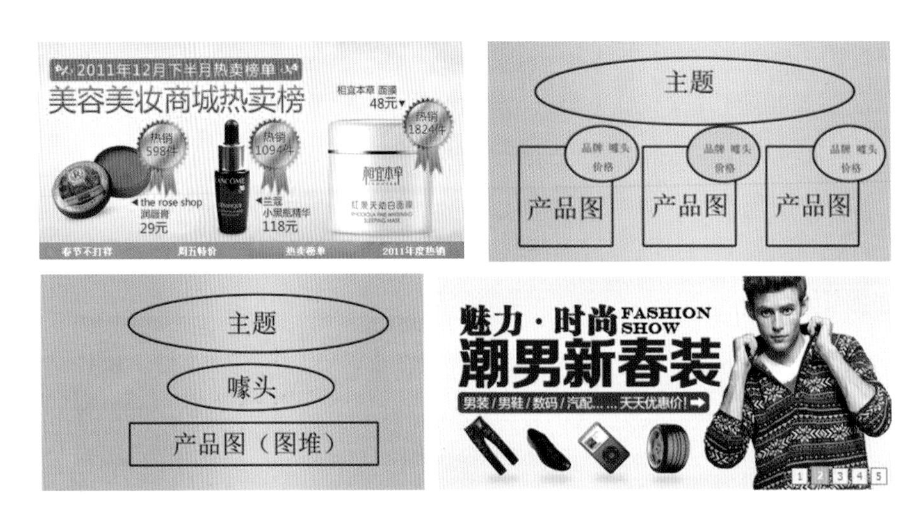

图 4-7 上下结构

图 4-8 两边图中间文

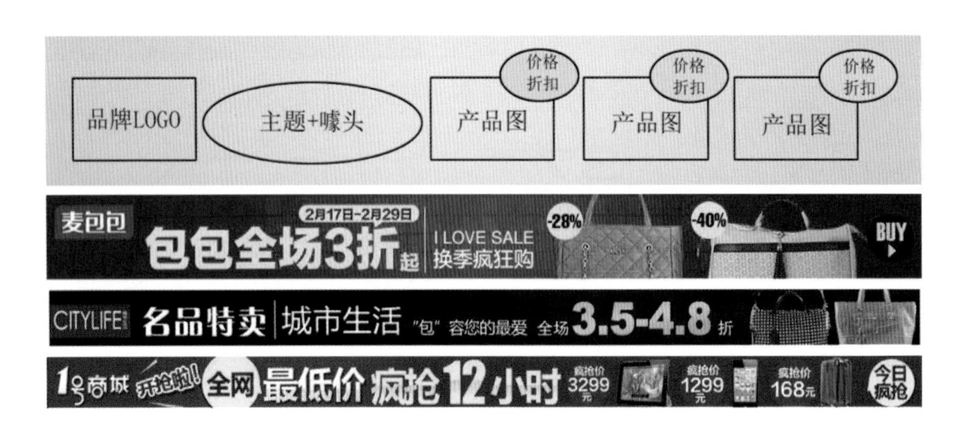

图 4-9 长条形(无按钮型)

5. 小型首焦海报结构

小型首焦海报结构有以下两种。

(1)无按钮型(图 4-11)。

(2)按钮型(图 4-12)。按钮能够提高点击率,有效的引起行为召唤。一般在左下角或右下角,采用对照感比较强烈的色彩。

(四)首焦构图样式

好的构图可以提升商品的品质感,也可以利用各种构图方法,突出想要表达的内容,传达出该首焦的真

图 4-10　长条形(按钮型)

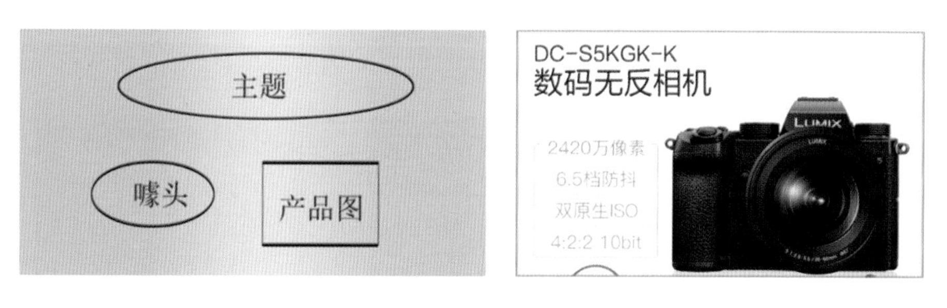

图 4-11　小型首焦(无按钮型)

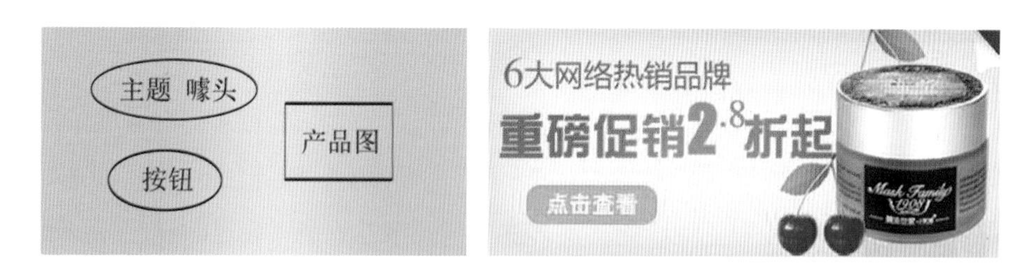

图 4-12　小型首焦(按钮型)

正目的，吸引消费者的目光，使其产生购买欲。

(1)垂直水平式构图(图 4-13)。平行排列每一个产品，每个产品展示效果都很好，每个产品所占比重相同，秩序感强。此类构图让消费者产生产品规矩、正式的感觉，有安全感。

图 4-13　垂直水平式构图

(2)三角形构图(图 4-14)。多个产品进行正三角形构图,产品立体感强,产品之间所占比重有轻有重,构图稳定自然,空间感强。此类构图让消费者产生稳定可靠的感觉。

图 4-14　三角形构图

(3)倒三角形构图(图 4-15)。多个产品进行倒三角形构图,产品立体感强,产品之间所占比重有轻有重,构图动感活泼失衡,运动感、空间感强。此类构图让消费者心情不稳定,带给消费者运动的感觉。

图 4-15　倒三角形构图

(4)渐次式构图(图 4-16)。多个产品进行渐次式排列,产品展示空间感强,每个产品所占比重不同,由大及小,构图稳定,有次序感,利用透视引导指向广告文案。此类构图带给消费者稳定自然,产品丰富可靠的感觉。

图 4-16　渐次式构图

(5)辐射式构图(图 4-17)。多个产品进行辐射式构图,产品空间感强,每个产品所占比重不同,由大及小,构图动感活泼,次序感强,和渐近式构图有异曲同工之妙。此类构图带给消费者活动动感,产品丰富可靠的感觉。

(6)框架式构图(图 4-18)。一个或多个产品进行框架式构图,产品展示效果好,展示完整,有画中画的感觉。框架式构图规整平衡,稳定坚固。此类构图带给消费者稳定可信赖,产品可靠的感觉。

图 4-17 辐射式构图

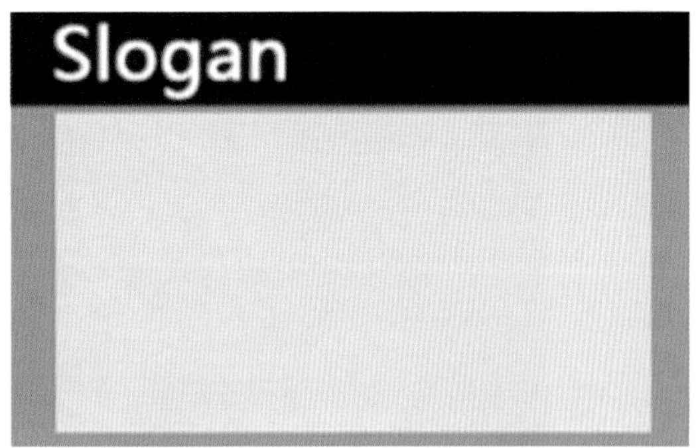

图 4-18 框架式构图

(7)对角线构图(图 4-19)。一个产品或两个产品进行对角线构图,产品的空间感强,每个产品所占比重相对平衡,构图动感活泼却不失稳定,运动感强烈。此类构图带给消费者心情动感十足且稳定的感觉。

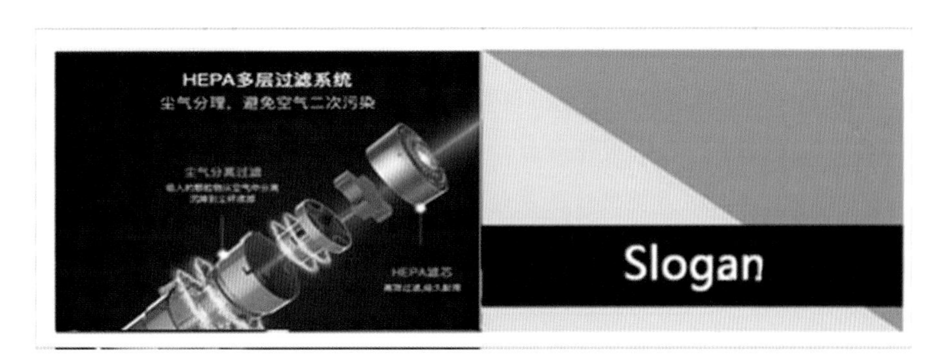

图 4-19 对角线构图

(五)首焦构图样式反例

首焦构图样式反例有以下三种。

(1)颜色不够出挑、不吸引眼球(图 4-20)。

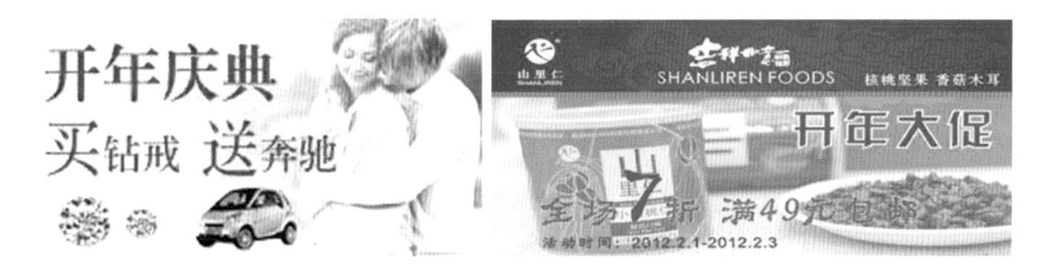

图 4-20 首焦构图样式反例 1

(2)图片的品质感太差(图 4-21)。

图 4-21　首焦构图样式反例 2

(3)内容过于堆积、主题不明确(图 4-22)。

图 4-22　首焦构图样式反例 3

项目总结

1. 电商类广告中最重要的是商品图的展现。商品的选择切合主题，且受众群体广，广告图片中能看出商品用途。图片一定要清晰、精致、美观、有吸引力。

2. 主题明确，突出卖点。卖点通常使用组合方式，如主题＋促销、产品＋促销等；广告中不宜宣扬过多卖点，特别是小尺寸广告，突出 1～2 点即可。

3. 促销类卖场，其高价商品可突出折扣，直降××元等(并可带上市场价对比)折扣和价格显著标出；热销商品可以适当展示商品的销量，以增强用户对商品的兴趣。

4. 广告中的文案简短有力，切勿堆积，提炼要点，不要在文案中叙事；站外投放的广告可带有明显的购买 BUTTON，有益提高点击率，但由于广告中的 BUTTON 会影响整体页面视觉效果，故站内需慎重使用。

5. 品牌商家突出品牌名或者 Logo；建议可使用“品牌＋正品提示＋折扣”的信息组合方式；时间较短的卖场，可在广告中突出活动时间，增强紧迫感。

6. 促销类主题宜用浓烈色彩，烘托促销气氛。女性促销类主题风格偏感性，可设计很漂亮的场景，色彩淡雅但明亮，背景不厚重；时尚促销类主题卖场特别重视选品、模特的时尚感和质感，且色彩可以明亮些(除非独特个性店铺)；男性促销类主题风格偏硬朗、沉稳，主要凸显商品功能性利益以及丰富度。

思考与练习

为自己店铺“双十二”活动制作一张店铺海报：要求海报一方面要突出店铺所销售的商品的风格，另一方面要营造双十二节日气氛，色彩喜庆。店铺实施以下优惠促销活动：迎双十二收藏加购物车送优惠券；双十二当天1元秒杀，限时抢购；红包送不停，玩转双十二，活动时间为12月1日—12月12日。

请根据自己收集的素材，按照下面的制作要求，为此次活动制作符合主题、设计美观、主题突出、有视觉冲击力的宣传海报。

(1)海报尺寸：950像素×400像素。

(2)海报背景：选择喜庆颜色组合配色或利用渐变颜色制作海报背景，要求背景能突出节日喜庆气氛，美观大方。

(3)海报中的产品展示：选取三种产品图片，采用合适方式和比例大小融入海报恰当位置；产品在海报中呈现时要求排列方式美观，并设计成合适的样式。

(4)海报中的文字信息：根据背景资料提示，给新海报添加主题标语；并从背景资料中提取有关本次活动的利益点等相关信息，给新海报添加宣传文案。文字字体使用素材中"方正兰亭黑体"系列字体，并对各文字进行合适的格式和排版设置。

(5)海报中的图标元素：使用形状工具制作一种或一种以上符合主题氛围的图形标注元素，给新海报添加活动氛围。

(6)海报中的引导按钮：结合活动主题，在海报中添加引导按钮，达到引导行动的效果。

(7)文件保存：海报制作完成后，将结果保存为两个格式文件，一个文件为"海报.psd"，另一个文件为"海报.jpg"，其中"海报.jpg"文件要求在不改变图片尺寸的情况下，文件大小不超过100 KB，两个文件都存储在当前主题所在文件夹下。

项目五

商品陈列与收藏视觉设计

项目知识点

熟悉常见的商品陈列类型；

熟悉常见的爆款推荐、商品陈列、关联推荐等模块的设计方法；

会用 Photoshop 设计爆款、商品及关联模块，并运用于网络店铺中。

知识要求

设计视觉陈列营销；

打造爆款推荐模块；

优化商品陈列模块；

制作关联推荐，提升店铺销量。

素养要求

培养学生独立思考、大胆创新、认真操作的学习能力；

通过学生讲解设计思路，锻炼学生的设计能力和沟通能力；

通过构思，培养学生的工匠精神；结合训练，提升学生不断创新的科学素养，增强文化自信。

项目技能点

通过视觉陈列设计，打造爆款推荐模块、优化商品陈列模块、制作关联推荐，以及店铺视觉陈列设计所包含的配色、布局、字体、文案设计的原则和技巧的训练，能根据不同店铺的特色，设计出消费者所喜爱的陈列风格。

实训内容

模拟对自己的店铺所经销的商品进行视觉陈列设计。

任务展开

1. 活动情景

收集需陈列设计商品的有关文字、图片、实物资料，将所选资料进行平面化处理，并记录每一个步骤所展示的信息。

2. 任务要求

充分了解商品陈列设计项目推出的目的；

掌握店铺陈列设计的要求；

分析和处理商品陈列设计中出现的不和谐因素。

考核重点

对商品陈列设计所涉及的图片处理、色彩搭配、页面布局的能力。

任务一
商品陈列

设计首焦海报之后，接下来要关注的是店铺陈列。店铺陈列做得好不好，跟跳失率有很大的关系。商品陈列区可以帮助消费者快速地了解店铺商品。清晰的陈列，能让消费者快速找到商家想推荐的商品，提高下单率。在消费者心理上投其所好地设置购物环境，最终促成消费者完成消费。因此，商品陈列区是首页中非常重要的一个模块。

一、商品陈列的类型

商品陈列主要有分类陈列、主题陈列、季节商品陈列、配套陈列等类型。

（一）分类陈列

将同系列的产品集中在一个区域内陈列，使商品一目了然，方便消费者选择（图 5-1）。

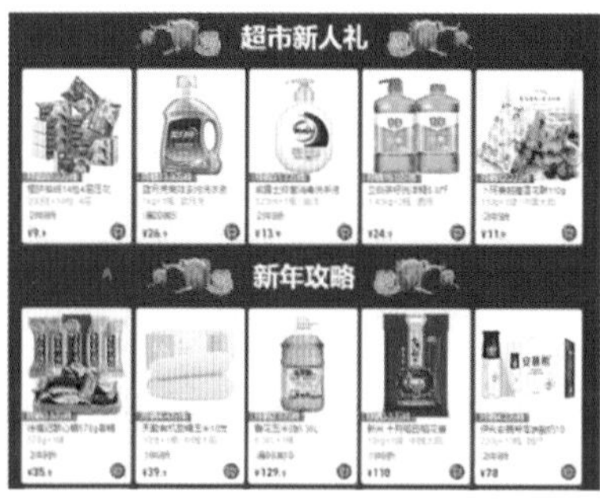

图 5-1　分类陈列

（二）主题陈列

商品陈列的重点展示区，重点突出某一商品。主题陈列必须有一个明确的主题，能吸引消费者的注意力。主题陈列往往是为了配合节日或者活动而精心设计出来的。新上架的商品便是主题陈列的重点（图 5-2）。

图 5-2　主题陈列

(三)季节商品陈列

季节商品陈列应永远走在季节变换的前面，换季前随时调整商品的陈列布局(图 5-3)。

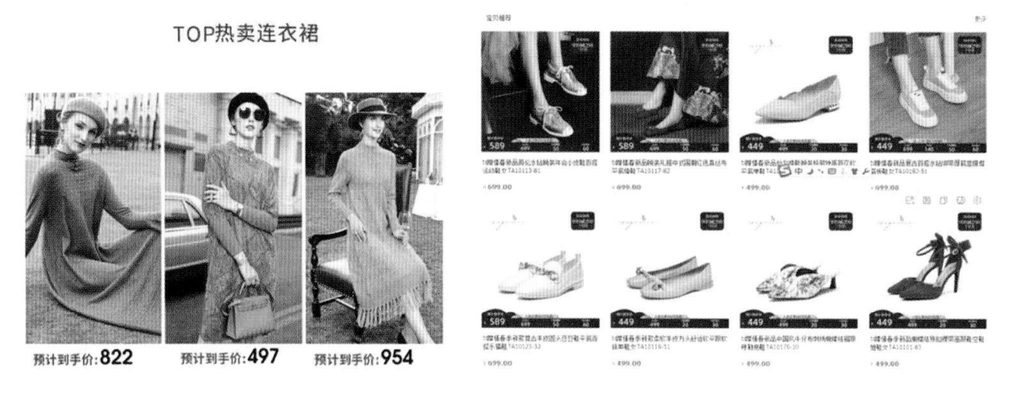

图 5-3　季节商品陈列

(四)配套陈列

店铺中的关联推荐是将配套的产品放在一起进行陈列，便于消费者购买(图 5-4)。

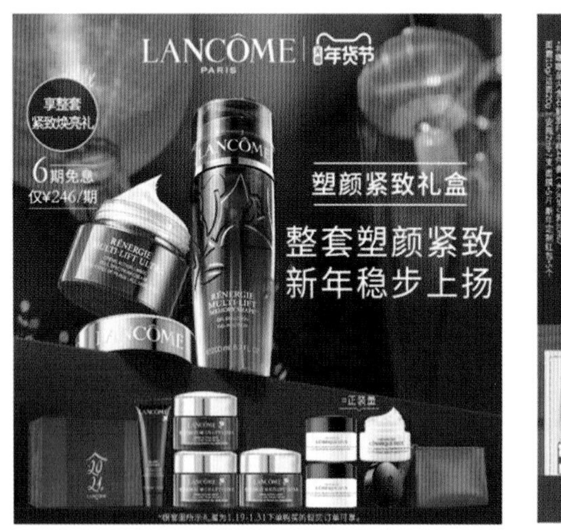

图 5-4　配套陈列

二、设计原则

每一个爆款商品都有其生命周期，针对不同的消费者群体，更要合理地把握好这个周期，为店铺赢得流量。因此，需要遵循以下三大设计原则。

(一)针对老客户，突出折扣

销售折扣是一种促销手段，通过突出折扣不仅可以赢得客户的回头率，还有利于扩大商品的销路，增加商品的销量(图 5-5)。

图 5-5　针对老客户,突出折扣

(二)针对新客户,突出销量

销售的数据对于新客户来说无疑是一个最好的宣传方式(图 5-6),可以直观地看到商品销售的数量,感受其销售热潮,以赢得新客户的信赖。

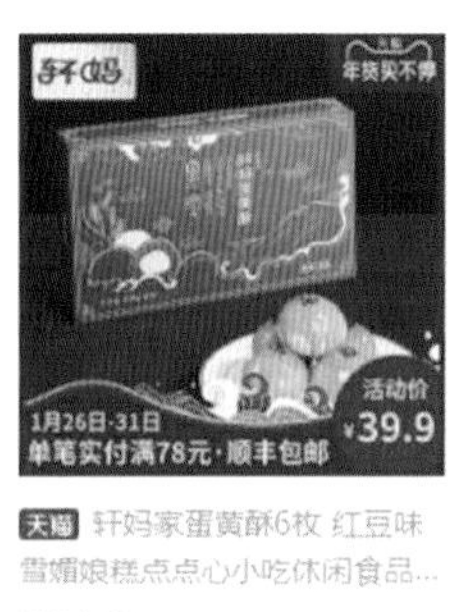

图 5-6　针对新客户,突出销量

(三)突出商品的价格和购买按钮

在对商品进行陈列展示时,价格和购买按钮最好能够突出显示,通常可以采用放大、加粗或者使用对比色等方法(图 5-7)。

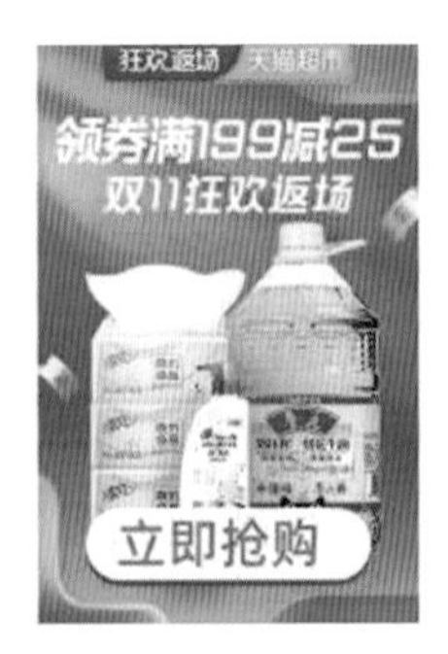

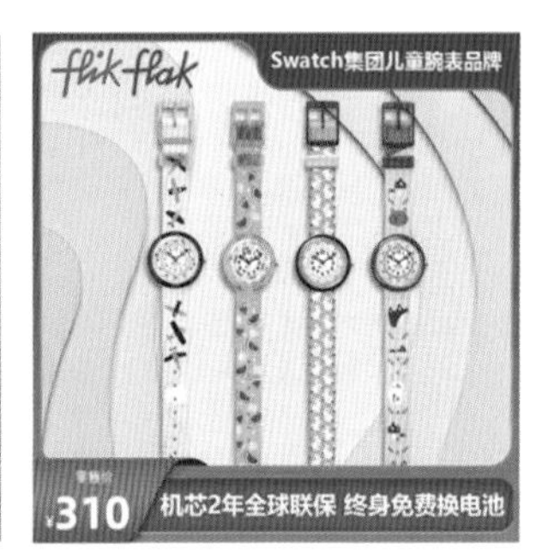

图 5-7　突出商品的价格和购买按钮

(四)商品按序排,分清主次

在对商品进行陈列展示时,最好进行分类展示,对需要主推的商品、爆款商品、引流款商品进行突出显示,做到主次分明。这样可以使商品显得更加丰富、整洁、美观,并且容易刺激消费者的购物欲(图 5-8)。

图 5-8 商品按序排,分清主次

任务二
收藏区视觉设计

店铺收藏用于潜在消费者将感兴趣的店铺直接添加收藏,以便再次寻找的时候可以快速地找到。收藏区的设计相对灵活,可以直接出现在网店装修的店招位置,也可以出现在导航栏的位置,或者单独显示在首页的某个区域。收藏区的常用尺寸一般是宽度为 190 像素,高度则没有严格限制,但建议不要设计得太高,否则会影响美观。

收藏区的设计通常是由简单的文字和图形组成(图 5-9)。一般情况下都设计得比较简洁,但有些店铺为了吸引消费者的眼球,也会将一些商品图片、素材图片等元素添加其中,达到推销和提高收藏率的目的。

图 5-9 收藏区的设计

项目总结

颜值时代,消费者的思维模式是"感觉为主,品牌为辅,价格为补充"。在这种思维模式下,店铺设计必须有格调,商品陈列必须有场景!

思考与练习

1. 简答题

请列举商品陈列展示区要遵循的设计原则。

2. 操作题

现有一家经营女鞋的店铺，请按照平底鞋、高跟鞋和运动鞋三个类别为其设计制作商品陈列区。请根据自己收集的素材，按照下面的制作要求，为此店铺制作符合主题、设计美观、主题突出、有视觉冲击力的商品陈列区。

(1)尺寸：宽度不超过 1165 像素，高度不限。

(2)配色：色彩搭配统一，色调符合店铺产品的特点，画面明亮干净。

(3)布局：版式整齐，元素统一，主次分明。

(4)字体：标题字体和文案字体统一，文字字体使用素材中“方正兰亭黑体”系列字体，并对各文字进行合适的格式和排版设置。

(5)文案：言简意赅，表达明确，让消费者一目了然。

(6)文件保存：海报制作完成后，将结果保存为两个格式文件，一个文件为“宝贝陈列布局.psd”，另一个文件为“宝贝陈列布局.jpg”，其中“宝贝陈列布局.jpg”文件要求在不改变图片尺寸的情况下，文件大小不超过 100 KB。

Dianshang Meigong Sheji ji Yingyong

项目六

产品直通车、主辅图设计

项目知识点

制作高点击率主图的方法；

制作具有创意的直通车推广图的方法。

项目技能点

掌握做主图的要点及规则，会独立制作商品主图并发布到自己的店铺中；

了解直通车图片设计要点，能够结合活动内容制作直通车图片。

实训内容

为自己店铺的商品进行直通车的设计。

任务展开

1. 活动情景

收集店铺优秀的直通车和主辅图，并分组进行点评；

分析、构思自己淘宝店铺的直通车、主辅图设计的思路；

收集有关文字、图片、实物资料，对所选择物进行主辅图、直通车模仿设计，并记录每一个步骤所展示的信息。

2. 任务要求

充分理解淘宝店铺的直通车、主辅图设计项目推出的目的；

掌握淘宝店铺的直通车、主辅图美工设计的方法；

分析和处理直通车和主图美工设计中出现的问题。

考核重点

对主辅图、直通车的图文风格、色彩搭配与主题相符的设计制作能力。

消费者搜索商品，第一个进入眼帘的是商品的直通车图，点击直通车图进入店铺后第一眼见到的是主图。主图展示的是商品的主要信息，辅图是对主图的补充，可以从不同的角度进一步展示商品的更多信息。不同类目的商品展示的内容也各不相同。优秀的商品主图除了要展示商品的相关信息之外，更重要的是要能够吸引消费者，让消费者产生购买行为，并能够提高消费者的回头率。主图是影响流量的最大因素，同时也是除价格之外影响点击率的重要因素之一。

商品直通车、主图作为传递信息的核心，其点击的因素在很大程度上直接影响着点击率的高低(图 6-1)。直通车推广图和主图其实就是线上广告的一种表现形式，讲究快、准、狠。它不仅仅是为了美感、艺术，更是为了传达信息。其中淘宝直通车的图片制作关系到淘宝直通车的投放效果。如果想要提高直通车的点击率与转化率，则首先要从淘宝直通车的图片制作上多下功夫，千万别小看了这张图片，它对于店铺的流量非常的重要。不懂直通车和主图的设计，店铺流量将损失大半。

直通车图和主图的区别如下所述。

(1)直通车图是针对直通车的投放位置制作的图片，就是通常说的直通车创意图片，尺寸为 800 像素×800 像素，和商品主图有些类似，但是可以多加一些促销性质的文案。

(2)主图是商品主图，一般有 5 张，其尺寸一般为 800 像素×800 像素，可以用作直通车图。所以，其实

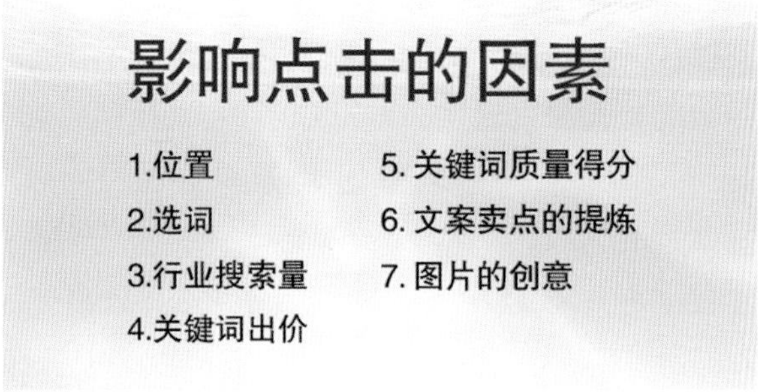

影响点击的因素

1.位置
2.选词
3.行业搜索量
4.关键词出价
5. 关键词质量得分
6. 文案卖点的提炼
7. 图片的创意

图 6-1 影响点击的因素

直通车图和主图本质是没有什么区别的，只是直通车图是作为直通车展位的展现，而主图则是作为自然搜索的展现。

直通车图不能和商品的第一张主图(首图)一样，但是可以和其他的主图一样。因为淘宝在同一个页面最多只会展示同一家店铺的两个商品，或者是同一个商品不同的两张图片，那么当我们的直通车图和第一张主图相同时，就会有一张图片失去意义。

另外，由于目前直通车推广一个商品最多可以新建 4 个创意，部分直通车消费额度高的账户可新建 8 个创意。为了商品可以更好地获得直通车和自然搜索的流量，建议上传两张或者两张以上与主图不一致的直通车创意图进行推广，以便有机会同时获得自然搜索和直通车展位的展现，避免因邻近位置创意限制而导致降低推广商品的展现概率。

一、设计思路

在设计主图、直通车图之前就需要明确好自己的思路。比如要站在消费者的角度去思考，什么样的商品卖点才是消费者需要的，什么样的商品才能吸引消费者点击等。如果说只用商家思维去思考问题，那么设计出来的图片根本吸引不了消费者来点击。

(一)确定主图数量和风格

(1)对五张主图的要求。

淘宝店铺主图要有亮点来吸引消费者。在这五张主图上要有不同的设计点去吸引消费者。既然要吸引消费者，那么自然要有卖点和不同点。卖点和不同点是为了让消费者了解你的商品优势。光有优势还不够，还要有促销点和细节点。促销点是让消费者感觉到比较优惠，细节点是让消费者了解到商品的质量，从而提升淘宝流量。

每张主图的关键细节分别如下所述。

第一张主图需要得到更多消费者点击，要求注重差异化设计，比如颜色、风格、卖点、个性等。图片注重差异化设计也要结合商品的卖点才最能吸引消费者眼球。

第二张主图要有卖点，更要打消消费者的顾虑，让消费者觉得就算买了不满意还是可以退换的，给消费者安全感。比如有任何不满意包退、7 天无理由退换货等。

第三张主图是要有促销点，就是让消费者感觉到商品很优惠，现在购买最为划算。

第四张主图和第五张主图是不同的卖点和细节的展示，也是对第一张主图的补充说明。

这五张主图看起来也就是一个简洁版的商品详情页。

对于淘宝商品的流量来说，点击率是一个很重要的参数，而主图是影响点击率的重要因素之一。

每一个消费者的每一次购买行为背后都是有驱动力的，如冬天冷了，想买羽绒服；夏天热了，想买空调等，这些都是内因所致。外因刺激的驱动力主要是一些从众心理、大促所引起的价格刺激等。所以，不管是文案也好，图片也罢，只要你的主图能展现出这种消费驱动，能快速吸引到消费者，让消费者在看到海量的商品时眼前一亮，那么你的主图就是成功的。

(2)设计风格要求统一。主图对于一款商品来说是极其重要的，其设计风格能够体现出商品的层次。设计的总体功能和效果要超越单一组成部分的设计，这样才能够让主图设计在形式和内容上与各部分之间形成有效的配套效果。

(二)选择背景色

因为你的商品是跟上、下、左、右以及附近的一些商品在竞争，能够第一眼就让消费者注意到你，那就是你的背景要明显地与其他的卖家相区别。在设计时，要突出主题，而且背景一般采用纯洁的单色调。纯色背景能更加突出商品，给人清晰、干净的感觉，更容易添加文字说明。文字颜色搭配常见的最佳搭配颜色系列有红底白字、红底黄字、黑底白字、蓝底白字、红底黑字(图 6-2)等。

图 6-2　文字颜色搭配

商品的直通车图、主图背景要与商品本身相符合，不要为了哗众取宠而弄巧成拙。

(三)商品卖点文案

文字搭配要求简、精、明。简：简单明了；精：用最少的字，表达出商品更多的信息；明：一针见血，尤其是打折、商品优势、商品功能等信息。

第一步是背景。当你的直通车图、主图背景成功地赢得了消费者的注意，消费者才会进入商品详情页认真地浏览你的商品。此时，如何打动消费者并促使其点击进入页面，这就需要你的直通车图、主图有足够的卖点来吸引消费者并引起他们的购买欲望。如电热水壶，消费者首先考虑的一般都是电热水壶的性能，重点突出保温时长，强调自动断电、双层防烫等功能(图 6-3)。

图 6-3　商品卖点

第二步是文案要有创意(图 6-4)。在不知道如何去设计有创意的文案时,我们可以去参考其他卖家的文案,然后总结他们的文案特点,取其精华,去其糟粕,再来设计自己的文案。

图 6-4　文案的创意

(四)文字排版技巧

字体的种类比较多,有男性字体、女性字体、儿童字体、中性字体等,在制作的过程中选择适合自己产品的字体。文字排版的形式有如下几种。

(1)位置沉底。图 6-5 所示的主图都属于沉底式,文字在上,商品图在下的布局方式,简单而又多变。这种文案信息位置排版方式一般不会破坏画面的整体性,简约而不简单,文字信息需要和底色配合点、线、面变化。

图 6-5　产品主图沉底式

若文案超过两行,要选择左对齐、右对齐、中间对齐等其中一种格式,原则就是不要干扰整体画面,造成阅读障碍!

对左右位置文字的排列组合:文字偏左或者偏右,文案信息需要主次分明,颜色尽量选择单色或双色,字体不要超过两种,文字越精简越好。

①横式排列(图 6-6)。常见的有三种:左、右和中间,重点是大小和颜色的变化,主文案字号偏大,颜色较整个画面要突出。文字颜色单色或者双色,切记不要超过三种颜色。次要信息可做点缀或者是补充,在维护整体画面的同时,做到灵活多变。

②竖式排列(图 6-7)。多用于传统产品设计排版。

③横竖混排(图 6-8)。横竖混排非常考验排版能力,属于高端技巧。虽然很难排出效果,但经常尝试也会有所收获。

图 6-6　横式排列　　图 6-7　竖式排列　　图 6-8　横竖混排

(2)自由创意(图 6-9)。根据商品的位置进行构图定位文案所放的位置,倾斜式用得较多也较灵活。

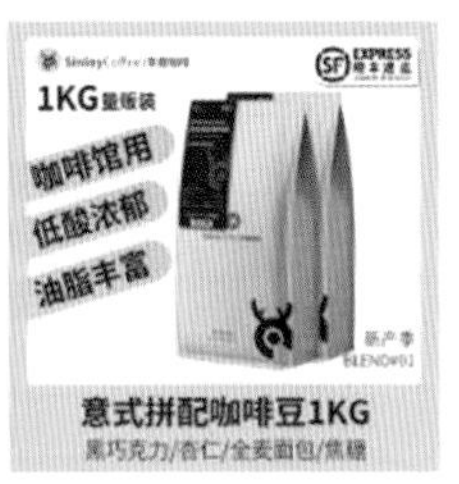

图 6-9　自由创意

(3)一般不用的中间位置(图 6-10)。中间位置对商品排版有一定的要求,切忌不要破坏对产品的完整性浏览。中间位置单行或者居中排列,文案信息一般较少,言简意赅,达到目的即可,不可多放。

(4)不常用的顶部位置(图 6-11)。文案放在顶部,如控制不好,多会造成不稳定的感觉。若非商品特殊,不建议文案信息放顶部位置。

图 6-10　文案中间位置摆放

图 6-11　文案顶部位置摆放

(五)构图整齐和统一

制作直通车图、主图、推广图的时候,切忌胡乱排版,这样很容易引起消费者的阅读不适。尽量做到整齐和统一,突出产品的整体感觉。常用的构图方法有:①上下构图(图 6-12);②左右构图(图 6-13);③对角线构图(图 6-14)。

图 6-12 上下构图

图 6-13 左右构图

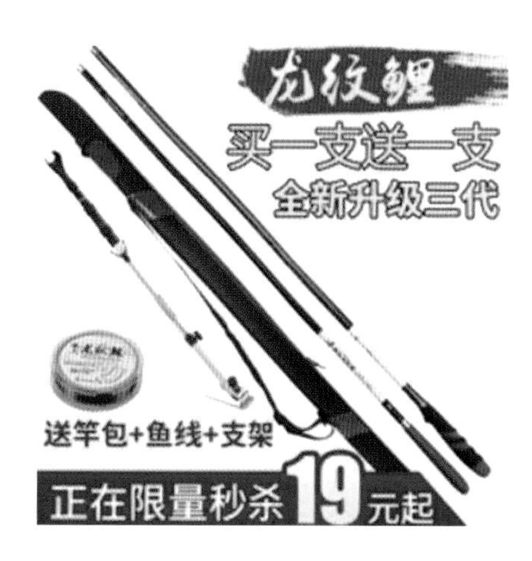

图 6-14 对角线构图

(六)一眼就能吸引消费者的内容

不管是文案还是图片,是拍摄角度还是拍摄场景,能快速吸引消费者的内容一定要和你的商品有关(图 6-15)。第一幅主图第一眼就可以吸引消费者的是价格和数量,而其他两幅主图没有特别吸引消费者的卖点。因此商品月销的数量悬殊比较大。

图 6-15 一眼就能吸引消费者的内容

(七)商品的其他附加服务

现在市面上商品的质量、性能相差不大,所以很多时候卖家拼的是服务。很多老客户介绍朋友过来购买,就是因为服务起了很重要的作用。

(八)凸显的卖点是否与关键词相匹配

关键词代表的是消费者的购买需求,消费者搜索"运动鞋"时,把鞋子是否挤脚、是否舒适看得比较重要,那么柔软、舒适、材质、结实、价格就是消费者的利益点(图 6-16),也就是促使消费者点击和转化的关键所在。

(九)检查细节并定稿

当整个商品主图制作完毕后,检查细节(字体、文案和商品图片排版)是否合理,如无修改即可定稿。

图 6-16　凸显运动鞋的卖点

二、发布规则

点击率是影响一个商品流量的很重要的数据，而主图是影响点击率的重要因素之一。不同的平台对商品主图有不同的要求。以“淘宝”“天猫”两个平台的店铺为例，其设计主图的发布规则有以下几个方面。

（一）主图一般采用正方形图片

主图的最小尺寸为 310 像素×310 像素，不具备放大效果。主图尺寸在 700 像素×700 像素以上的图片可以在商品详情页主图位置提供图片放大功能（图 6-17）。淘宝官方建议尺寸为 800 像素×800 像素～1200 像素×1200 像素，最大不能超过 500 KB。无线端竖主图长宽比 2∶3 就行，一般为 800 像素×1200 像素。

图 6-17　图片放大功能

（二）单独商品图片数量

单独商品图片最多可以上传 5 张。

（三）利用 PS 优化商品主图

优化商品主图，并不是在原来的商品主图上加个水印、加些文字描述就可以了，而是需要选择一张清晰的图片，经过 PS 处理，制作成一张能够带来流量、促进转化率的图片。如何做好主图优化，使商品脱颖而出，具体如下。

（1）在优化的时候一定要找到适合自己店铺、商品的方法，做到不盲从、不随波逐流。把商品的卖点也就是优点展示出来，不要再频繁使用“秒杀”“包邮”等形式，也可以主打价格优势。

(2)图片优化之后一定要进行对比测试,不要主观地认为自己制作的图片不错,要客观地进行分析,进行对比测试,通过流量变化来判断。没达到优化预期效果、不合格的图片要果断删除,然后继续优化。

(四)宜简不宜繁

由于消费者搜索时浏览的速度较快,因此主图传达的信息越简单就越容易被接受。商品放置杂乱、商品数量多、文案信息多、背景太杂、水印太夸张等都会阻碍信息的传达。如图 6-18 所示,设计简洁大气、唯美清新,文本能很好地阐述其卖点。图 6-19 用了大量文本来说明手机的服务,未突出主要卖点,为目标客户带来视觉上的不适,从而促使消费者快速跳过该主图。因此主图要强调突出重点,要对表达的实物一针见血。

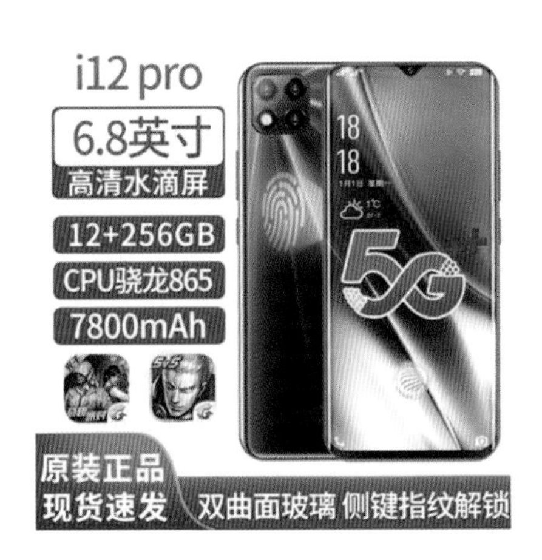

图 6-18　突出主要卖点

图 6-19　未突出主要卖点

(五)丰富细节

放大商品细节,可以提高主图的点击率,也可以为主图添加除标题文本之外的补充文本,如商品名称、特点与特色、包邮、特价等商家想要表达的内容,丰富主图的细节。

三、案例制作

直通车点击率的高低,与直通车图片的效果密不可分。除了要有视觉上的冲击,更重要的是要把商品的优势和卖点展示出来。新手在设计直通车推广图时,一般会存在形态不规范,色彩、色调不协调,主商品背景凌乱和图片不清晰等问题。因此,要制作一张比较完美的直通车推广图,可以先借鉴、模仿他人的作品,参考他人的经验。

直通车图要求高点击率,注重视觉效果是一方面,另一方面把产品的优势和卖点展现出来也很重要,下面以包包和剃须刀为例来简要说明淘宝直通车主图制作。

(一)包包直通车图片案例制作

包包样图如图 6-20 所示。

新手选参考对象的时候主要选颜色差不多的商品图做借鉴。

步骤一:对模仿的参考图(图 6-21),分析其大概结构。图片采用了平衡构图(图 6-22),左上和右下占比大概一致,所以整个画面看起来比较协调。

图 6-20　样图

图 6-21　参考图

图 6-22　平衡构图

步骤二:根据包包本身的颜色来设计背景。

步骤三:填充高光位置的颜色(图 6-23)。

步骤四:把周围的位置用黑色画笔压暗(图 6-24)。

步骤五:把放包包的位置加亮调色(图 6-25),并放入装饰物。

图 6-23　填充高光

图 6-24　黑色画笔压暗

图 6-25　加亮调色

步骤六:把包包图片放入背景,调整包包角度,给包包设置投影,边缘细节需要用饱和度进行调节,然后用蒙版擦掉边缘部分,用中性灰调整包包的层次(图 6-26)。

步骤七:把文案摆放在合适的位置(图 6-27)。

图 6-26　设置投影

图 6-27　文案摆放

(二)剃须刀的主图制作

剃须刀主图效果图如图 6-28 所示。

步骤一:先画草图,做到心中有数。考虑消费者的需求,突出价格和赠送的收纳袋。考虑剃须刀的造型,采用左右构图,右边放产品,左边放文案(图 6-29)。

图 6-28 剃须刀主图效果图

图 6-29 主图设计草图

步骤二:输入文案,排好层级关系。产品、Logo 放在合适的位置,Logo 一般放置在左上角(图 6-30)。

步骤三:替换背景,将其背景换成黑色,更符合产品的科技感(图 6-31)。

图 6-30 输入文案,排好层级关系

图 6-31 背景替换成黑色

步骤四:在背景上增加黄色色块,形成黑、黄色彩强烈对比(图 6-32);白色 Logo 不够醒目,增加红色色块进行衬托,颜色采用产品的红色,使其与产品的红色形成呼应(图 6-33)。

图 6-32 增加黄色色块

图 6-33 改变色块上的文字颜色

步骤五:黄色背景明度高,需增加文字和背景的色彩对比。改变色块上的文字颜色,采用明度对比,增强醒目效果,使其更适合阅读;“价格”和“买就送”的文字颜色也调整为黄色,和黑色形成强烈的对比(图 6-33)。

步骤六:背景略显简单,添加图层,用画笔工具画出地面,并给产品增加阴影。使用多变性素材剪切蒙版给黄色背景增加纹理效果(图 6-34)。

步骤七:产品略显灰,添加曲线,适当增加对比度(图 6-35)。

步骤八:收集一些光效素材(图 6-36)。光效使用滤色模式,可通过降低透明度、高斯模糊、色相饱和度等手段来达到自己想要的最终效果(图 6-37)。

图 6-34 增加背景纹理

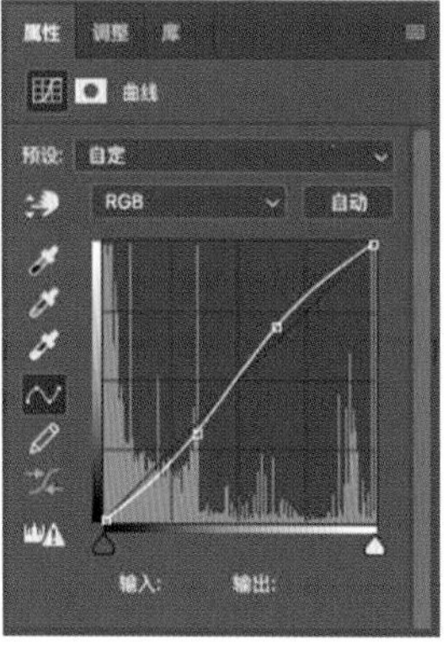

图 6-35 调整产品颜色对比度

图 6-36 光效素材

图 6-37 最终效果

项目总结

直通车图和主图有相似之处,但也有区别。主图在保持设计完整的同时,重点展示产品特点和解释说明的作用。直通车图更注重设计展示,起到吸引消费者、刺激消费者点击的作用。所以直通车图的色彩更丰富,设计更多样,而主图会更接地气、更大众。

思考与练习

直通车图"年货节"主题设计练习:请对自己的淘宝店铺进行分析、构思自己淘宝店铺的直通车、主辅图设计的方向和视觉呈现效果,收集有关文字、图片、实物资料,对所选择物进行主辅图、直通车模仿设计,同时在设计中进行命题练习,设计主题为"年货节",即需要在直通车图片中加入相应的符合主题的元素图形以及文字。

项目七

辅助模块及页尾模块

项目知识点

了解E客服的创建方法；
掌握优惠券引流技巧；
熟悉页尾的设计原则。

项目技能点

通过对E客服的创建方法的了解，网页整体风格设计店铺优惠券、导航条和页尾，设计中包含配色、布局、字体等设计技巧的训练，达到能根据不同店铺的特色，具有一定独特性、创新性的设计，并且能够反映出店铺品牌形象或销售商品类型的优惠券、导航条、页尾；并能熟练地完成搜索条的设置。

实训内容

为提升自己的淘宝店铺销售业绩，进行E客户的创建、网店优惠券的设计；
根据某店铺风格运用页尾设计原则和设计风格设计店铺页尾。

任务展开

1.活动情景
分组进行讨论，并收集其他店铺优秀的优惠券、导航条、页尾的设计方案。
2.任务要求
掌握店铺优惠券、导航条、页尾设计设置的要求；
分析和处理设计中出现的不和谐因素。

考核重点

对E客服的创建、优惠券、导航条、页尾的设计等内容在自己店铺中的综合运用能力。

任务一 客服区的设计与制作

E客服是网店的一种在线客户服务形式，类似于实体店的售货员，唯一不同的是，E客服主要是利用网络和聊天软件为消费者提供商品售前和售后咨询等服务。因此，客服是消费者咨询商品信息的最直观也是最直接的一个通道；同时，商家也可以通过和消费者交流，了解消费者所需的信息，进而完善店铺内商品的信息设置。旺铺专业版中共有三个客服模块：基础客服模块、顶端客服模块和悬浮客服模块，并且客服模块可以出现在淘宝所有页面，使消费者与商家的交流变得有效率、更方便。

一、客服区的作用

客服区的作用主要体现在塑造店铺形象、提高回购率及提高成交率三个方面。

(一)塑造店铺形象

对于网店而言,消费者只能通过图片和文字介绍来认识和了解商品,因此,消费者在购物时都会相对谨慎,偶尔也会对商品持怀疑态度,而这时如果客服很及时地给消费者送去一个微笑或者一个亲切的问候,这些都能让消费者有一个很好的购物体验,逐渐地消除戒备心理,从而对店铺留下深刻印象。

(二)提高回购率

在客服的优秀服务下顺利完成第一次交易后,消费者就会形成好的购物体验;当需要再次购买商品时,消费者就会倾向于选择熟悉的店铺进行购买,从而提高店铺回购率。

(三)提高成交率

很多消费者都会在购买商品前针对一些不太清楚的问题咨询客服,或者询问关于商品优惠的事项,此时如果客服能及时回复并给予消费者最大限度的优惠,一般都会促成交易。

二、合理利用 E 客服

E 客服是主账号创建的子账号,授予相关权限后,使子账号可以帮助主账号对店铺进行管理,及时回复消费者的消息。例如,当有大量消费者点击店铺中的"和我联系"按钮与商家咨询时,商家账号同一时间会收到很多消息,仅凭一个客服是无法及时回复这些消息的,为避免这种情况的发生,可以开通 E 客服功能申请增加子账号帮忙接待(图 7-1)。

图 7-1　E 客服的功能

(一)子账号

子账号业务是淘宝网及天猫提供给商家的一体化员工账号服务。商家使用主账号创建员工子账号并授权后,子账号可以登录旺旺接待消费者咨询,或登录卖家中心帮助管理店铺。

主账号可对子账号的业务操作进行监控,方便分工、管理,提高工作效率(图 7-2)。

图 7-2 子账号业务

(二)具体操作步骤

具体操作步骤为:淘宝店铺“卖家中心”→“店铺管理”→“子账号管理”→“子账号”→“员工管理”。

下面看一个实例,看看新版子账号后台是如何操作的。

一商家有 15 个员工,员工分工如图 7-3 所示。

岗位名称	人数	工作职责
售前客服	5	解决买家购买前的问题
售后客服	2	处理买家购买后的问题
仓储物流	3	负责仓库和物流
美工设计	1	负责店铺装修,图片制作设计
商品管理	2	负责店铺和仓库所有商品的管理
活动运营	2	负责店铺活动策划和运营

图 7-3 员工分工

1. 新建部门

根据店铺组织结构新建 6 个部门,也可以根据店铺的组织结构来新建部门。如果店铺的员工少于 5 人,可不建立部门(图 7-4)。

图 7-4 新建部门

2. 新建员工及岗位设置

角色是权限的集合，方便商家批量给员工授权或修改权限。以下根据员工分工新建了 6 个角色，可以根据店铺的员工分工新建角色，使用角色可以给员工授权(图 7-5、图 7-6)。

图 7-5　新建员工

图 7-6　岗位设置

3. 分流设置

若要进行分流分组设置、主账号分流设置等，点击“分流设置”即可跳到 E 客服后台(图 7-7)。

图 7-7　分流设置

4. 登录使用

设置好子账号即可登录卖家版旺旺(需开启分流)和卖家中心等待使用(图 7-8)。

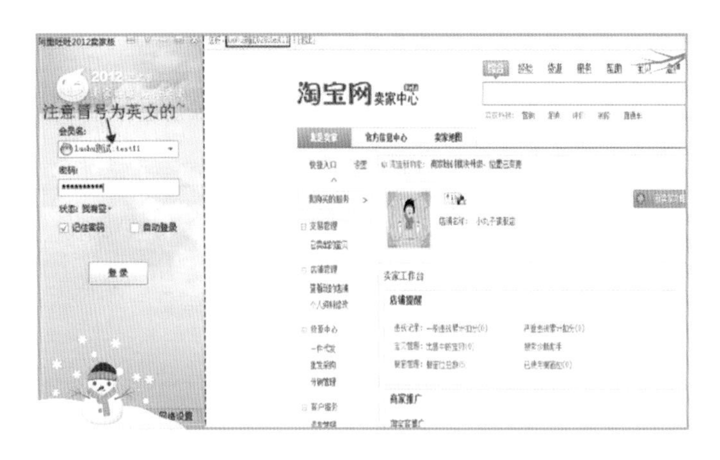

图 7-8　登录使用

(三)E 客服分流规则

E 客服分流规则有以下三种。

(1)联系人不分流(图 7-9)。

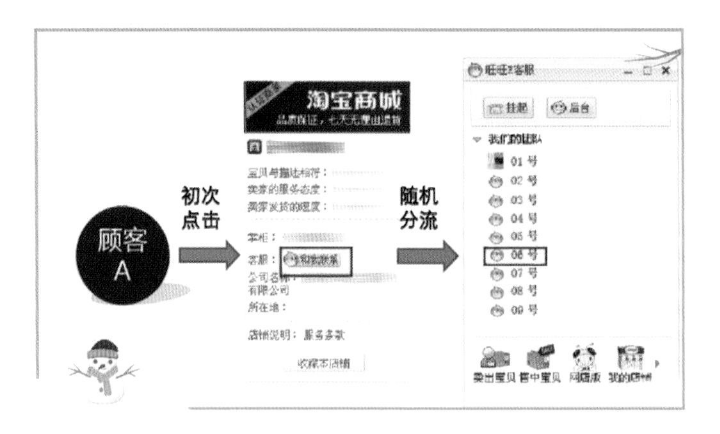

图 7-9　联系人不分流

(2)最近原则(图 7-10)。

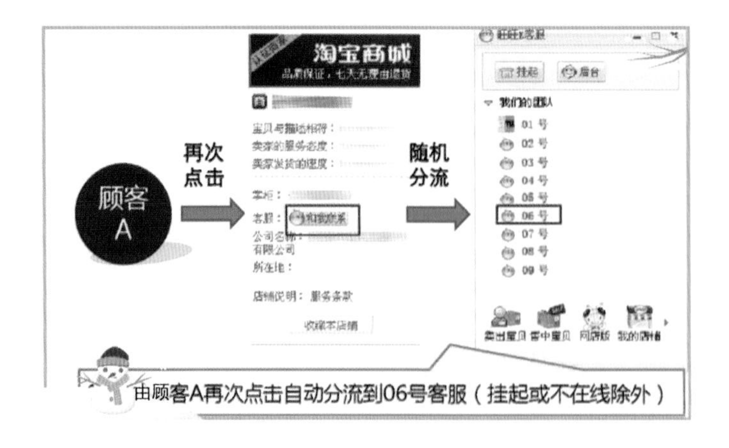

图 7-10　最近原则

(3)最少原则(图 7-11)。

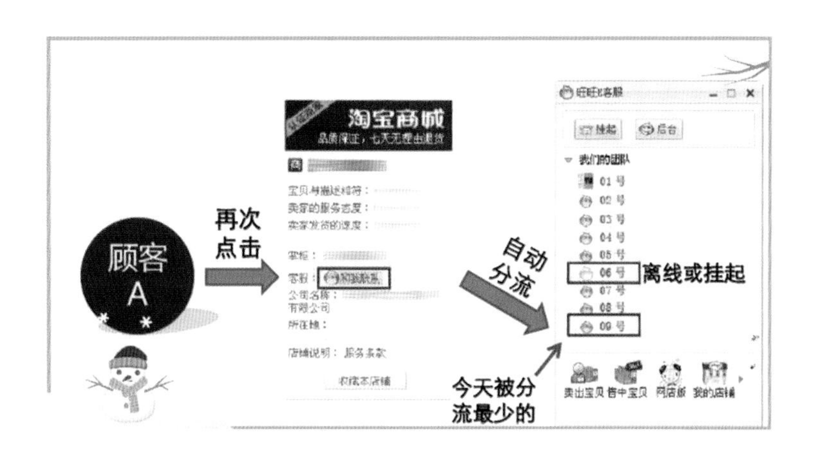

图 7-11　最少原则

(四)悬浮客服

悬浮客服模块是消费者快速联系及咨询商家的重要沟通途径，可以方便消费者咨询订单、了解商品、了解店铺、沟通交流等。淘宝官方提供的悬浮客服可以出现在店铺首页、列表页、自定义页面，同时该模块含有“回顶部”功能，可全面提升消费者购物体验。

三、客服区的设计规范

在设计客服区时，要注意平台对聊天软件的图标尺寸的具体要求。以淘宝平台为例，旺旺图标的宽度为 16 像素，高度为 16 像素。如果是添加了“和我联系”字样的旺旺图标，此图标的宽度为 77 像素，高度为 19 像素。因此，在制作过程中应该以平台要求的规范尺寸来进行设计制作。

任务小结

一个合格的网店客服，应该具备如下基本素质。

(1)心理素质。具有“处变不惊”的应变力，挫折打击的承受能力，情绪的自我掌控及调节能力，满负荷情感付出的支持能力，积极进取、永不言败的良好心态。

(2)品格素质。具有忍耐与宽容、热爱企业、热爱岗位，谦和的态度、说了就要做到，言必信、行必果，博爱之心，真诚，勇于承担责任，有强烈的集体荣誉感，热情主动的服务态度，有良好的自控力。具有精益求精的岗位精神，把爱岗敬业置于工作的首位。

(3)技能素质以及其他综合素质。具有良好的文字语言表达能力，高超的语言沟通技巧和谈判技巧，丰富的行业知识及经验，思维敏捷；具备对客户心理活动的洞察力，敏锐的观察力，熟练的专业技能，良好的倾听能力；具有工作的独立处理能力；具有对各种问题的分析解决能力和人际关系的协调能力。

任务二
优惠券——引流技巧

优惠券作为淘宝最常见的营销方式之一，很多商家常用却又不特别重视，事实上优惠券的推广并不是打个折那么简单。

一、优惠券营销优势

(1)形式灵活新颖,能吸引大多数消费者的关注。可以限定或不限定消费金额即可使用,还可以在包邮和固定折扣的基础上进一步享受优惠。

(2)覆盖群体广,所有消费者均适用。对于新客户,可以促进购买;对于老客户,可以刺激回购。

(3)节日、会员生日或特定大促。作为辅助营销的手段之一,发送给指定会员群体,可以进一步刺激回购,同时也是对老客户的一种关怀和维护,投资回报率高。

(4)领取形式多样。消费者可以自己领取,也可以由商家主动发送,达到引流的目的。

(5)消费者心态分析。手上有优惠券,使用完才不吃亏。即使不买也要看看,即使不需要,也可能冲动消费。

二、如何巧用优惠券

(一)优惠券内容需要简化以吸引消费者的眼球

优惠券上的内容越精简,消费者就越能掌握优惠券上的核心内容。如果优惠券可以让消费者在 3 秒内知道商家想要表达什么就成功了一半。一定要避免优惠券排版过于混乱且使用规则复杂,否则很容易引起消费者的反感(图 7-12)。

图 7-12　创客美妆优惠券

(二)合适的优惠券面值

优惠券的优惠价值是影响优惠券使用的重要因素之一。面值过低容易被忽视,面值过高使用率低。因此,在设计印刷优惠券时,设计合适的面值是非常重要的。一般而言,高价值优惠券意味着产品的价格高,这将在一定程度上影响消费者的购买欲(图 7-13)。

图 7-13 优惠券面值

(三)范围和时间控制

优惠券范围、促销的时间和连续性对消费者使用优惠券产生重大影响。覆盖范围越广，消费者数量越多。在优惠券的有效期太长或太短，都将降低优惠券的使用率，所以妥善控制。优惠券的到期时间可以设置为当次重要促销的最后几天，或再次促销之前。

(四)使用门槛限制

商家通过消费者的购买数量来衡量可以使用优惠券的次数。如果商家降低购买金额的限制，无疑会增加对消费者的吸引力，但该指标是否有效取决于品牌和消费者的购买目标。此外，消费者通常更喜欢通用优惠券，也就是说，可以在几种不同类型的产品中自由使用相同的优惠券，这将增加优惠券的使用率。因此，在设计优惠券时，有必要权衡使用权。

(五)优惠券的制作

优惠券有很多样式，但是淘宝软件的优惠券固定模块过于死板，展示效果毫无新意，那么如何制作既美观又引领潮流的优惠券呢？下面将对 Photoshop 制作优惠券的过程进行讲解(图 7-14)。

图 7-14 优惠券

步骤一：执行“文件”→“新建”命令，新建一个名称为“优惠券”，尺寸为 950 像素×160 像素的空白文档(图 7-15)。

图 7-15 新建文档

步骤二:利用矩形工具在图像上绘制一个 1/3 背景大小的矩形,色值为“＃c869b4”(图 7-16)。

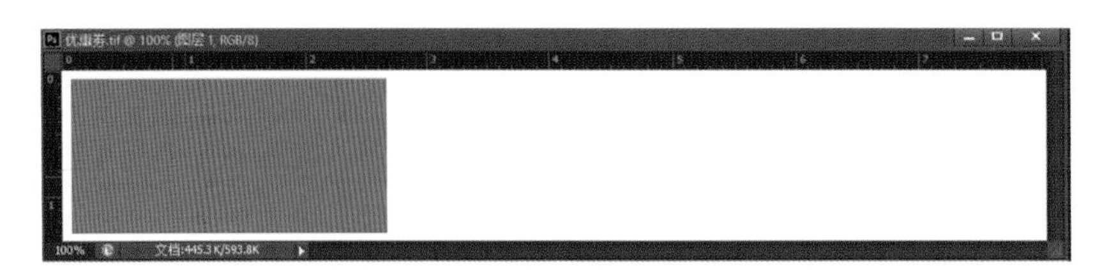

图 7-16　绘制矩形

步骤三:为了丰富背景的层次感,在矩形色块上利用“横排文字工具”输入“券”,调整文字的位置与“不透明度”为 9%,并为其创建剪贴蒙版。再输入其他文字内容(图 7-17)。

步骤四:在图像上绘制两个矩形,分别设置其颜色的色值为“＃9c598e”和“＃ffffff” 。利用“文字工具”在矩形上输入文字信息(图 7-18)。

图 7-17　输入文字 1

图 7-18　输入文字 2

任务三
规范的页尾设计

在网页设计过程中,大多数网页设计初学者都会把精力投入网页页首和网页主体部分的设计,在页尾部分只是选择堆叠一些诸如免责、版权声明等信息。事实上,网页页尾的重要性和页首相当,因为对大多数用户来说,页尾是他们最后的“停泊港”,因此页尾也可作为为访客提供注册、联系网站(提供信息/问题咨询)等服务的一个绝佳入口。

一、页尾的设计原则

(一)简洁

简洁是网页设计的普遍规律。在页尾设计上,要保证排版干净,元素排列有序,空间通透不拥挤,从而使浏览者轻松地阅读。

(二)方便

页尾不仅是提供网站相关信息的板块,还可以是便利的网站导航。对页尾信息进行修饰,搭配图标与分割线，将信息分门别类地排列，可让浏览者快捷地找到所需信息。

（三）优美

设计网页时除页首和主体内容外，页尾同样需要精心设计。精致优美的页尾会使浏览者眼前一亮，吸引浏览者的目光。

（四）趣味

压抑、沉闷的页尾不会给浏览者带来好感，而趣味和创意能使浏览者感到轻松愉悦，更容易记住相关信息。

二、页尾的设计形式

（一）整齐排列信息

设计页尾时，对信息进行分类，有规律地排列信息，并适当增加页尾面积，能使页面更加通透，给浏览者带来清新的感觉（图 7-19）。

图 7-19　整齐排列信息

（二）合并信息

页尾尺寸一般与网站信息量有关。在需要处理大量页尾信息时，有目的地合并信息，保证页尾有充足空间，能给浏览者留下简洁、精练的印象（图 7-20）。

图 7-20　合并信息

（三）优化“分割线”

所谓的“分割线”不仅仅是一条线，它是将页面主体与页尾分割的一块区域。大多数页尾的背景为深色，有些也用插画做背景。无论哪种方式，都要确保页尾和页面主体在内容上分离，从而保证视觉上的层次性（图 7-21）。

图 7-21　优化“分割线”

现在我们对店铺页尾有了初步的了解，那么如何制作一款视觉和营销两者兼顾的店铺页尾模块呢(图 7-22)?

图 7-22　页尾设计

步骤一：新建一个名称为店铺页尾，尺寸为 950 像素×190 像素的空白文档，然后为背景图像填充颜色，色值为“＃041540”。新建空白图层，在工具箱中设置前景色的色值为“＃1f3f91”，选择“画笔工具”设置画笔大小为“20”，硬度为“0”，然后在图像上点击鼠标左键绘制一个小圆点，如图 7-23 所示。

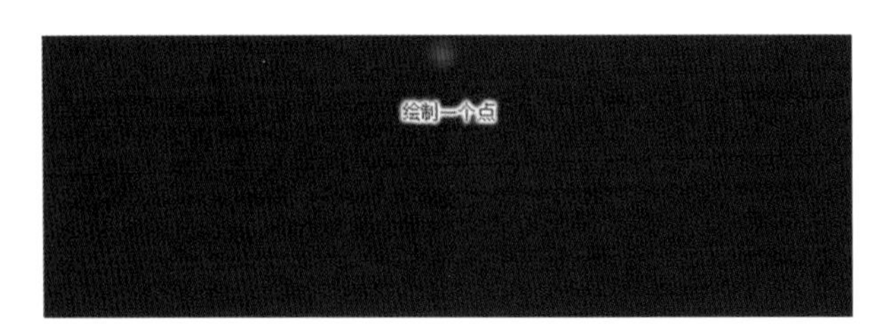

图 7-23　填充背景并绘制一个小圆点

步骤二：快捷键“Ctrl＋T”，分别在左侧和右侧中间的控制点上拖动鼠标，变换图像。调整满意后，按“Enter”键确定变换图像，然后将图像移动到文档的上方，露出变化图像的下半部分(即变换小圆点)，如图 7-24 所示。

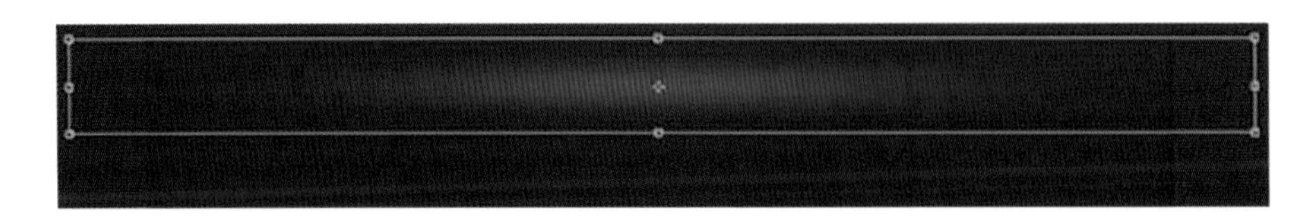

图 7-24　变换小圆点

步骤三：利用文字工具输入文字信息，在工具箱中选择“直线工具”绘制两条垂直渐变直线，为文字做隔断，如图 7-25 所示。

图 7-25　输入文字及绘制直线

任务小结

首先，页头和页尾相呼应，因为商家与消费者之间是在完全陌生的空间里进行交易，所以视觉沟通尤为重要，通过页头和页尾的呼应，能够让消费者感觉到这是一家店铺的设计风格，而不是两个设计理念。不能只重视前面的页头而忽略后面的页尾，做事情要善始善终！

其次，要合理地运用页尾模块，掌握好设计的度，不要把所有信息都添加到页尾模块上，做到运筹帷幄才是关键。

思考与练习

1. 请分析并总结一个合格的网店客服，应该具备哪些基本的素质，并列举实践中的案例。
2. 页尾设计的内容主要倾向哪些方面？
3. 淘宝优惠券的制作规则有哪些？

项目八
商品详情页设计

项目知识点

了解详情页的功能及重要性；

掌握详情页的布局和规划；

理解和掌握详情页的展示内容和设计要点。

项目技能点

详情页的常用尺寸、基本元素；

详情页的参数设置及设计步骤；

详情页的规律性问题、设计方法和技巧，提高优化详情页的能力。

实训内容

选取自己店铺的一件商品对其进行详情页的设计。

任务展开

1. 活动情景

上网收集商品的详情页的案例，对其进行分析和总结；

学生对自己店铺的商品进行详情页的设计；

学生分组进行讨论、评价，并自行修改。

2. 任务要求

掌握商品详情页的美工设计要求；

分析和处理设计中出现的不和谐因素；

培养学生精益求精、团结协助的精神。

考核重点

对优化自己店铺商品详情页的能力。

消费者在淘宝店铺购买任何商品前，都要先了解商品的样式、功能、材质和价格等信息，然后浏览商品评价，才会考虑是否要购买此商品。根据对2万多家淘宝店铺的抽样调查，发现中小型店铺中约99%的消费者是从商品详情页进入店铺的，大型店铺中约92%的消费者、超大型店铺中约88%的消费者也是从商品详情页进入店铺的。因此，商品详情页是店铺营销的核心所在。

对淘宝店铺来说，商品详情页有两大重要属性：一是流量的入口；二是提高转化率的首页入口。如果流量的问题已经解决而转化率依然过低，问题可能就出现在商品详情页上。

很多美工新手认为做详情页，就是简单的摆放几张商品图，然后加一些参数表，最后放置5星好评版块。实际上帮助商家提升销量，打造一张优秀的详情页，应该用60%时间去调查构思，确定方向，然后花40%的时间去设计优化。优化商品详情对转化率有提升的作用，但是起决定性作用的还是商品本身。

一、设计前的思路

商品详情页要与商品主图、商品标题相契合，且必须是真实的介绍商品的属性。假如标题或者主图里写的是韩版女装，但是详情页却是欧美风格的女装，消费者一看不是自己想要的，肯定会立刻关闭页面。

（一）设计前的市场调查

设计商品详情页之前要充分进行市场调查、同行业调查，规避同款。同时也要做好消费者调查，分析消费人群，消费者的消费能力，消费者的喜好，以及消费者购买所在意的问题等。

如何进行调查？通过淘宝指数（shu. taobao. com）可以清楚地查到消费者的一切喜好、消费能力以及地域等数据，学会利用这些数据对优化详情页很有帮助。另外还可以通过付费软件的一些分析功能进行调查。

如何了解消费者最在意的问题？可以到商品评价里面找，在消费者评价里面可以得到很多有价值的东西，了解消费者的需求、购买后遇到的问题等。

（二）调查结果及商品分析

根据市场调查结果以及对自己的商品进行系统的分析总结，罗列出消费者所关注的问题、同行的优缺点，以及自身产品的定位，挖掘自己的产品与众不同的卖点。

（三）商品定位

根据店铺商品以及市场调查确定本店的消费群体。例如，外出旅游住宿，有的旅馆100元/晚，卖的就是价格，卫生都没有保障，定位于低端顾客；有的连锁酒店200元/晚，卖的是性价比，定位于中端顾客；有的酒店400元/晚，卖的是服务；还有的主题宾馆卖的是个性等。

（四）挖掘商品卖点

针对消费群体挖掘出本店的商品卖点。

一家卖键盘膜的商家发现评价里中差评很多，大多是抱怨键盘膜太薄，一般的商家如遇此类问题就只会在下次进厚一点的键盘膜。而这个商家则直接把描述中的卖点改为史上最薄的键盘膜，结果出乎意料，评分直线上升，评价里都是关于键盘膜真的好薄之类的评语，直接引导并改变了消费者的心理期望，达到非常好的效果。

关于商品卖点的范围非常广泛，如价格、款式、文化、感觉、服务、特色、品质、人气。你卖的是什么呢？

二、开始准备设计元素

商品详情页里面的图片包含了很多种，第一张图就是我们常说的海报图。海报图中的重点就是文案的排版。不管是首页还是活动的海报图，排版都是很重要的。

根据对消费者的分析、自身产品卖点的提炼和商品风格的定位，开始准备所用的设计素材、详情页所用的文案，并确立商品详情页的用色、字体、排版等。最后还要烘托出符合商品特性的氛围，例如羽绒服，背景可以采用冬天的冰山效果等。

要确立的六大元素:配色、字体、文案、构图、排版、氛围。

详情页上半部分诉说产品价值,下半部分培养消费者的消费信任感。消费信任感不光通过各种证书、品牌认证的图片来树立,还需要使用正确的颜色、字体、排版结构,这些对赢得消费者消费信任感都会起到重要的作用。详情页每一块的组成都有它的价值,都要经过仔细的推敲和设计。

常见的商品详情页构成框架:产品价值+消费信任=下单。

三、商品详情页的注意事项

(一)能用图片的时候尽量不要用文字

尽量做到信息图像化。文字能被记住的只有20%,而图片同步被大脑处理能记住的将近100%,所以详情页的描述应尽可能图像化。

(二)高效表达

内容不要过于臃肿,表达要清晰有条理,简单直接,不要影响到页面的打开速度。页面载入时间过长,会影响销量。

(三)各部分的衔接要有逻辑性

上一部分跟下一部分,要能承上启下,要富有逻辑性。不要上一部分在讲这个卖点,下一部分又去讲物流、证书之类的。详情页是由多张图片组成的,故而排版一定要有逻辑性。

(四)前三屏

消费者会不会下单,主要是看详情页的前三屏,也就是我们常说的首屏聚焦原则,即在首屏就要引起消费者的注意。一般来说,消费者在看了前三屏后,心里已经大概有了初步决策,所以我们在做详情页的时候,要在前三屏中体现商品的价值点,以价值点吸引住消费者,降低页面的跳失率。一个是图片,图片在美观的基础上,要体现商品的功能卖点或个性特点;另一个是文案,文案不要多,但要一针见血,直指消费者的关注点和商品的优势。按照主次顺序排列卖点,将主要的卖点放在最前面,才能体现出商品的品质。

(五)情感营销

利用情感营销,吸引消费者,引起消费者共鸣(图8-1)。在进行详情页的卖点传达时,我们要特别注意情感的营销。即商品具备什么特点,在满足消费者需求的情况下,能在情感上为消费者带来什么样的感受体验。如有人在买破壁机的时候,消费者想了解破壁机使用是否便利,这时可以通过合理的图片来进行联想设计,让消费者联想到自己,来实现营销的目的。

越来越多的数据表明,随着社会的不断发展,消费者对商品所带来的情感体验越来越重视。如果我们能赋予商品情感价值,则会大大增加商品的营销力。所以要尽可能地去挖掘商品背后的情感价值。

(六)一句话提炼卖点

一个好的详情页,对卖点的把握和提炼很重要,因此需要我们用一句话来进行提炼。我们所说的卖点,简单来说就是商品能打动消费者,让消费者愿意购买的商品特点。如何提炼商品的卖点呢?

(1)吃透商品。要想提炼出卖点,我们要对自己的商品的优势及劣势都做到心中有数,把最能影响消费者决策的特点提炼出来。

(2)参考同行。可以参考同行的详情页,特别是优秀同行。看看哪些商品卖点是我们遗漏的,哪些卖点又能为我们所用,都可以记下来。

图 8-1　情感营销

(3)了解消费者的反馈。通过消费者的反馈,了解消费者最关心或最担忧的问题,将这些担忧作为我们的卖点来解释。

(4)分析旺铺的热门关键词。热门关键词所对应的属性商品,很有可能是消费者真正的需求商品。

提炼了卖点的同时还要注意卖点的表达。卖点的文字表达不能太长,最好不超过五个字;此外,卖点也不能太多,一般以三个为上限,卖点太多,会模糊消费者的关注点,从而产生适得其反的效果。记住,如果我们什么要点都要抓,却不加以提取,那我们就缺乏了区分度的优势,也就很难打动消费者了!

(七)重复性原则

多次重复商品卖点,是为了不断加深消费者对卖点的印象,让消费者明确我们商品的主要卖点,不断给消费者进行心理暗示,甚至让消费者想到某一商品,脑子里第一个浮现的就是我们的品牌及商品。通过不断强调,让消费者在潜意识中,强化对商品的印象,甚至形成“印象标签”,促使消费者购买我们的商品。

(八)关联营销原则

流量一直是商家关注的重点,利用关联营销,我们就能最大化地实现旺铺内的流量转化。

(1)爆款商品,引流。

(2)新品,增加曝光。

(3)相似商品,提供选择。

(4)互补商品,搭配补充。

(5)利润商品,增加客单价。

需要特别注意的是,商家在进行关联营销的时候,要注意商品的选择,并不是任何一种商品都适合拿来做关联营销的,商品选择不正确,可能会带来适得其反的效果。

四、商品详情页设计框架

(1)商品详情页需展示的内容(表 8-1)。

表 8-1　商品详情页需展示的内容

创意海报情景大图	通过创意海报＋创意文案的形式，可以勾起消费者的兴趣。创意海报因为主观性太强，没有可量化的标准。 根据网上流传前三屏 3 秒注意力原则，开始的大图是视觉焦点，背景应该采用能够展示品牌调性以及商品特色的意境图，可以第一时间吸引消费者注意力
商品优势对比/特性/作用/卖点	FAB 法则：F (Feature)→A (Advantage)→B (Benefit)。 Feature (特性)：产品品质，如服装布料、设计的特点，即一种能看得见、摸得着、与众不同的东西。 Advantage (作用)：从特性引发的用途，即指其商品的独特之处。这种属性将会给消费者带来的作用或优势。 Benefit (好处)：是指作用或者优势将给消费者带来的利益，对消费者的好处(因客而异)。 突出商品与其他商品相比的优点，这一部分需要大家仔细研究天猫、京东、苏宁等商品的详情页
商品给消费者带来的好处/功能	凸显商品的利益点，需要提供比竞争对手更多的增值服务，或者超出消费者预期的服务，并且能够解决消费者的问题，那么自然而然地就会刺激消费者的购买需求。如一台空气消毒机，特点：静音，采用国际认证材料等。作用：比同行加倍除尘、除甲醛等有害物质。好处：给消费者带来安静的呼吸环境
商品基本参数	如将商品的尺寸(如衣服、鞋子)可视化，提供身高、体重、三围等数据信息，让消费者结合自身的数据信息，选择合适的尺码，并进行实物对比，减少买家因尺寸等因素来造成退、换货的情况。通过可视化，实物对比，就给消费者营造了一种身临其境的代入感，让抽象的东西具体化
商品全方位展示	商品展示以主推颜色为主，服装类的商品要提供模特的三围、身高、体重等信息。最好后面可以放置一些消费者真人秀的模块，目的就是拉近与消费者的距离，让消费者了解衣服是否适合自己
商品细节展示	细节图片要清晰富有质感，并且附带有相关的文案介绍。如卖衣服，会有很多细节的展示，再配上一些具有创意的文案信息，就会营造一种消费者情感上的共鸣
同行商品优劣对比	通过商品优劣对比，强化商品卖点，不断向消费者阐述商品的优势
商品包装展示 店铺或商品资历证书 品牌店面或工厂展示	通过店铺的资历证书以及生产车间方面的展示，可以烘托出品牌和实力，但是一家店铺的品牌不是通过几张图片以及写个品牌故事就可以打造出来的，而是在整个买卖过程中通过各种细节展现给消费者的
商品售后保障说明	售后就是解决消费者已知和未知的各种问题，例如是否支持 7 天无理由退换货，发什么快递，快递大概几天可以到，产品有质量问题怎么解决等。完善的商品售后保障说明可以减轻客服的工作压力，增加静默转化率。把复杂留给自己，把简单留给消费者

(2)商品详情页的构成如图 8-2 所示。

(一)商品详情页的案例制作

商品详情图根据店铺首页的风格进行延伸设计，淘宝店铺的商品详情页尺寸：宽度为 750 像素，高度则根据商品本身实际情况而定，文件大小最好控制在单张图片 500 KB，连体图片 3 MB 以内；天猫店铺的商品详情页尺寸：宽度为 790 像素，高度不限，不过为了避免用户打开详情页的时间过长，在不影响消费者的体验感以及不失去跳出率的情况下，天猫店铺详情页尺寸不宜过长，一般不能超过 10 个屏，主要在前三个屏展现重点信息。

1. 天猫店铺详情页的设计样式

采用黄黑相间的色块将商品基本信息、特色介绍和拍摄效果展示板块进行分割(图 8-3)，使详情图结构清晰，节奏感十足，既美观大方，又能有效展示产品细节。

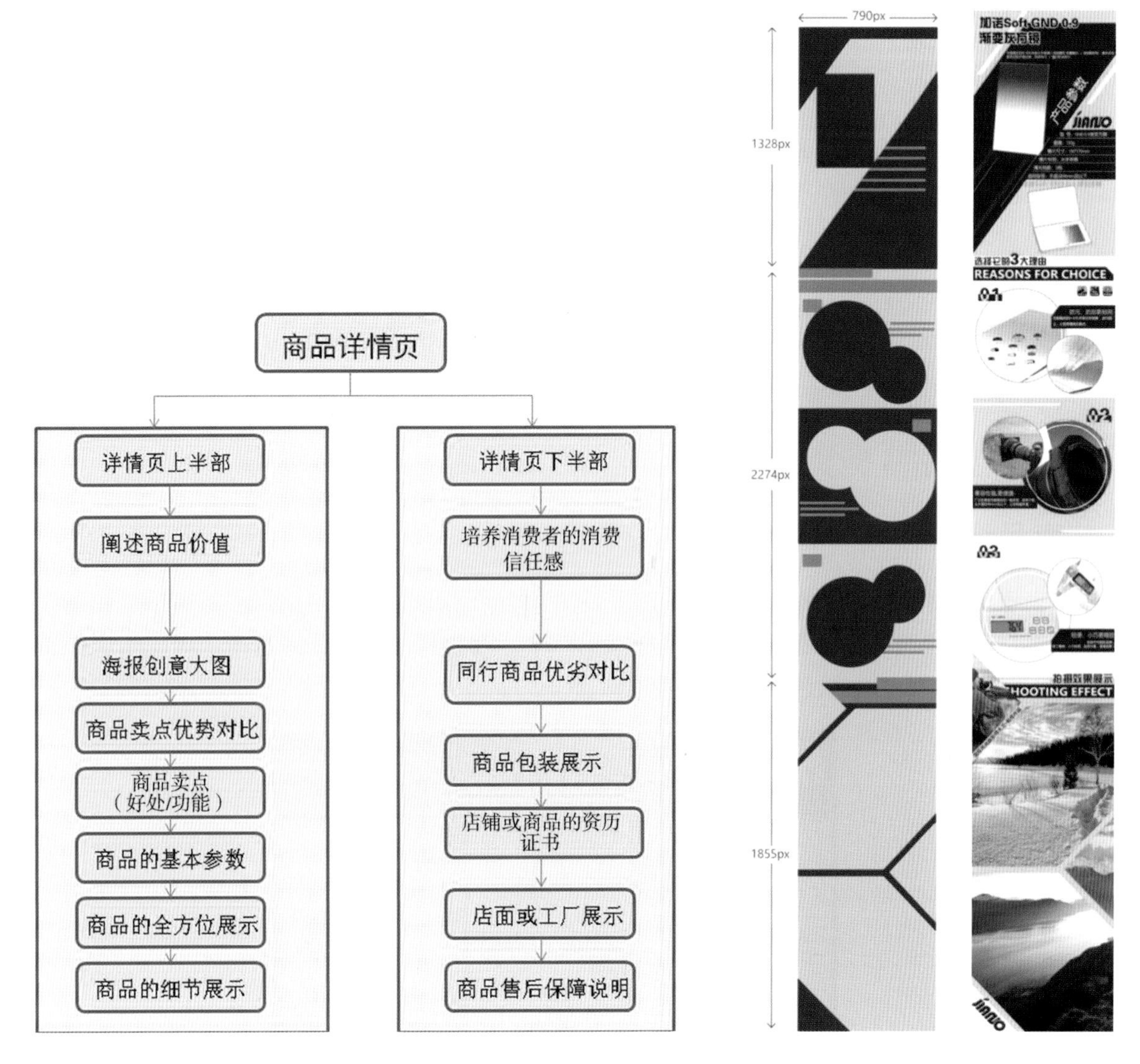

图 8-2 商品详情页的构成

图 8-3 商品详情图

2. 配色与字体

页面中的标准色使用黑色、白色、蓝色和黄色。正文字体使用常规的微软雅黑字体，以便阅读；标题或需要强调的文字则使用笔画较粗的方正综艺和 Humnst777 字体，在销售商品时能起到强调效果和提示作用(图 8-4)。

字体
FONT

微软雅黑 1 2 3 4 5 6 7 8 9 0
ABCDEFGHIJKLMNOPQRSTUVWXYZ

方正综艺 1 2 3 4 5 6 7 8 9 0
ABCDEFGHIJKLMNOPQRSTUVWXYZ

Humnst777 1 2 3 4 5 6 7 8 9 0
ABCDEFGHIJKLMNOPQRSTUVWXYZ

图 8-4 标准颜色与字体

(二)商品详情页关联模块

1. 商品详情页关联销售模块

关联销售模块是推动商品转化率的重中之重，它的作用不仅仅是分流，还会增加客单价(指每个消费者平均购买商品的金额)，让消费者买完这个还想买另一个。商家可以在关联销售模块搭配本店的其他明星商品，这样不但能增加客单价，也可以促进转化率(图 8-5)。

图 8-5 关联销售模块

关联销售模块通常放在页面的最顶端或者创意海报情景大图下方，但是不建议放入太多的关联商品，一般以 5～8 个为最优效果。

2. 商品卖点总结模块

商品卖点总结模块主要是给消费者一个清晰的商品功能全景，让消费者对商品功能、特点一览无余，对商品有一个全面的印象和了解。按照先总结后分组的逻辑，把商品最好的一面展示出来(图 8-6)。

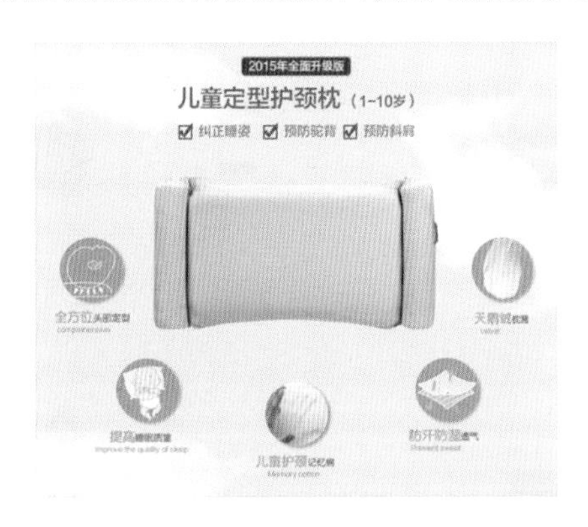

图 8-6　商品卖点总结模块

3. 商品基本参数模块

为商品制作可视化的尺寸表格，列出基本参数，让消费者了解商品的真实信息，以免消费者收到商品后低于其心理预期(图 8-7)而造成退、换货情况的发生。

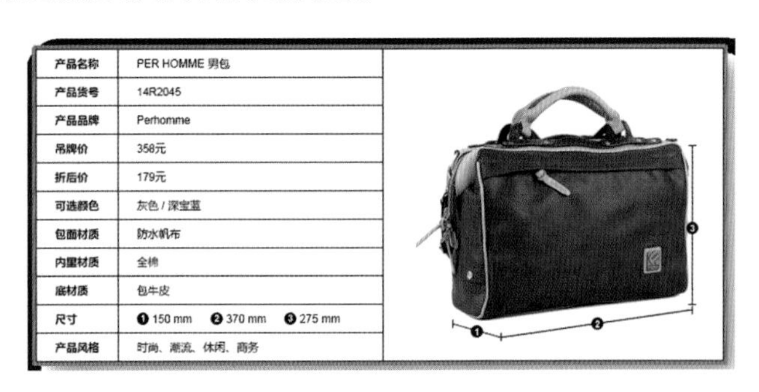

产品名称	PER HOMME 男包
产品货号	14R2045
产品品牌	Perhomme
吊牌价	358元
折后价	179元
可选颜色	灰色 / 深宝蓝
包面材质	防水帆布
内里材质	全棉
底材质	包牛皮
尺寸	❶ 150 mm　❷ 370 mm　❸ 275 mm
产品风格	时尚、潮流、休闲、商务

图 8-7　商品基本参数模块

4. 商品优劣对比模块

商品优劣对比模块是为了凸显自己商品的品质，让消费者可以将其与同等商品进行对比(图 8-8)。

	磕滋家东北松子		其他品牌东北松子	
观形	颗粒饱满均匀，因为是炖炒出来的而开口大小不一	✔	颗粒小而不均，开口小，皮厚，外形怪异	☒
看色	壳色浅褐、光亮，松仁洁白	✔	壳色灰暗，松仁粒发暗	☒
芽芯	松仁芽芯白质量好	✔	松仁芽芯发暗	☒
干潮	壳易碎，仁肉易出，仁衣较易脱落	✔	松子发潮，难剥开	☒

图 8-8　商品优劣对比模块

五、女装详情页面设计

图 8-9 所示为某品牌时尚女装设计详情页面。

图 8-9　女装详情页面

(一)任务要求

该页面通过整体展示、尺寸说明、细节展示和售后服务等内容来介绍女装的特点和销售信息，体现其专业、品质的一面。

(二)设计思路分析

(1)配色(图 8-10)。本案例的配色要从两个方面进行分析：一方面从画面的设计元素配色进行分析，另一方面从女装照片的色彩进行分析。在本案例配色过程中，可以将设计元素的配色定义为灰度色彩，也就是使用黑、白、灰色来进行创作，因为黑色和灰色可以提高画面的品质感与档次，呈现出高端的视觉效果；并且与商品本身的色调吻合，增强氛围感，不会产生突兀的感觉。

图 8-10　配色

（2）图形元素（图 8-11）。本案例所使用的图形元素为矩形，其包括每个模块标题的矩形线框、产品信息和尺码表部分使用的用作底色的灰色矩形色块等。使用矩形作为图形元素可以使页面整体显得简约、大气，对页面起到一定装饰作用的同时不会抢占商品图片的主导地位。

图 8-11　图形元素

（3）排版（图 8-12）。本案例的排版以大图为主，适当地在图片的大小和排列上进行细微地调整，图片之间保持一定距离，这样可以使页面整体显得整洁，提高浏览体验。

（4）图文比例（图 8-13）。本案例中，除了必要的文字（模块标题、商品信息、尺码表等）之外，就只能在一些图片上用装饰文字来制造氛围。使整个详情页做到最大程度的图像化，加深浏览者的印象。

图 8-12　排版

图 8-13　图文比例

项目总结

详情页的描述基本遵循以下顺序：①引发兴趣；②激发潜在需求；③赢得消费者信任；④替消费者做决

定。遵循以下原则:①文案要运用情感营销引发共鸣;②对于卖点的提炼要简短、易记并反复强调和暗示;③运用好FAB法则。

有需求才有商品,我们卖的不是商品,卖的是消费者买到商品之后可以得到什么价值!满足什么需求!让消费者理性的进来,最后是感性的下单。

思考与练习

根据本章内容的讲解,理解并掌握详情页的制作方法。根据自己的学习情况,为自己的店铺独立制作一款商品的详情页。

对制作好的详情页进行切图处理,然后上传到图片空间,再进行店铺的装修。

项目九

自定义页面设计

项目知识点

熟悉添加自定义页面流程；

掌握自定义页面设计的类型；

掌握促销活动页面的设计技巧。

项目技能点

掌握添加自定义页面流程，通过对一件商品的拍摄及图片的处理，以及自定义页面设计中包含的配色、布局、字体、文案设计的原则和技巧的训练，达到能根据不同店铺的特色和营销内容，设计出消费者所喜爱的自定义页面的目的。

实训内容

对自己店铺的一件商品模拟在淘宝店铺上进行销售，进行其自定义页面设计；

对这件商品进行拍摄，并进行后期图像处理；

根据商品的营销内容及手段，对店铺的自定义页面进行风格确定、色彩搭配和页面布局。

任务展开

1. 活动情景

分组进行讨论，选取商品对其进行自定义页面的模仿设计；

收集有关文字、图片、实物资料，对所选择物进行拍摄，将所选资料进行平面化处理，并记录每一个步骤所展示的信息。

2. 任务要求

充分理解要进行自定义页面设计推出的目的；

掌握店铺美工设计的要求；

分析和处理美工设计中出现的不和谐因素。

考核重点

对图片处理、色彩搭配、页面布局的能力。

任务一
自定义页面的创新设计

随着淘宝店铺装修自由度的不断开放，越来越多的卖家追求更个性化的店铺装修设计，为了满足这部分卖家的需求，自定义页面应运而生。

淘宝是视觉营销的时代，卖家必须重视图片的力量，质感漂亮的图片才能引起消费者的共鸣，当然只有质感漂亮的图片还是远远不够的，在淘宝自定义页面中要结合营销手段进行规划设计才可以。下面来看几组自定义页面的设计效果。

一、推广页面

使用自定义页面进行营销推广，如策划节日类专题活动页面，可以在页面中很好地展现节日类促销的商品(图 9-1)。

(一)品牌页面

使用自定义页面对品牌故事进行宣传，不但可以让消费者了解企业文化，也可以充分展示店铺实力(图 9-2)。

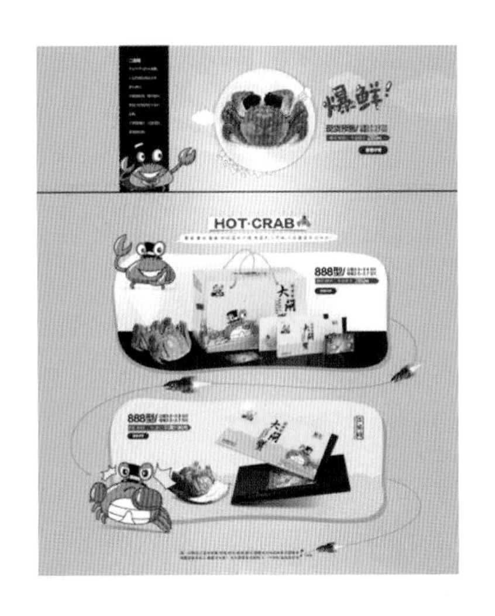

图 9-1 推广页面

图 9-2 品牌页面

(二)专题页面

使用自定义页面进行专题分类，如上新专题、外套专题、配件专题等，也可以将店铺的单独类目进行专业设计，不但可以更好地展示店铺的商品信息，还可以让消费者有条不紊地浏览店铺的商品(图 9-3)。

二、会员中心

使用自定义页面为老客户建造一片自由的天地，也让新客户了解成为本店会员的独享优惠等相关信息(图 9-4)。

很多卖家看到其他店铺的卖家可以自定义做活动，也想拥有相同的页面，却不知道如何去实现，为了能让卖家们方便、快速地掌握操作步骤，下面具体讲解自定义页面的操作流程。

步骤一：进入淘宝“店铺装修”页面，将鼠标移至“页面装修”按钮上，在弹出的下拉菜单中选择“页面管理”命令(图 9-5)。

步骤二：在弹出的“新建页面”中可以选择的页面位置为“电脑端页面”或者“多端同步页面”。在这里，选择“电脑端页面”，页面类型选择自定义页面，填写页面名称，要求页面名称不超过十个文案(图 9-6)。

步骤三：在“新建页面”的“自定义页面”中，点击“页面内容”，打开“页面内容”对话框，选择“通栏自定义页”，完成设置后，点击“保存”按钮，进入新建的页面(图 9-7)。

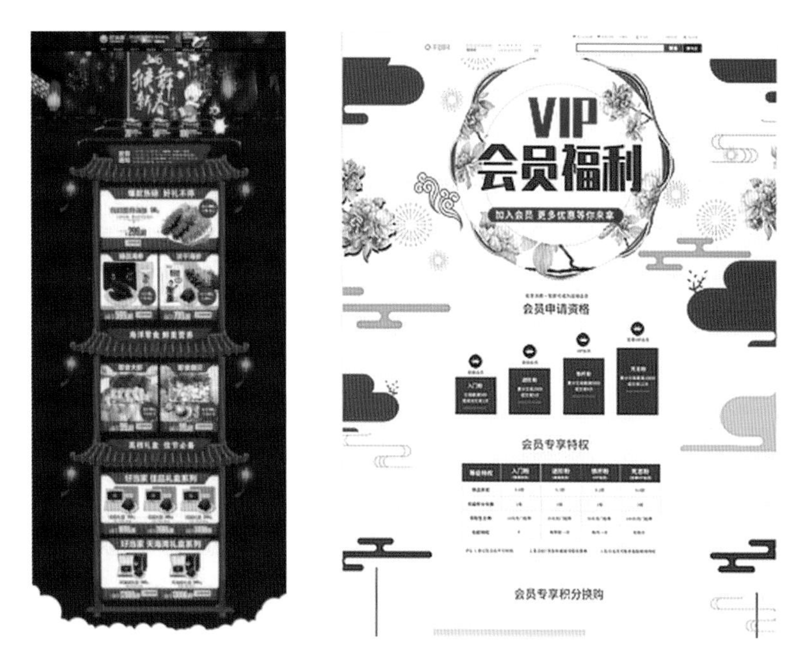

图 9-3　专题页面

图 9-4　会员页面

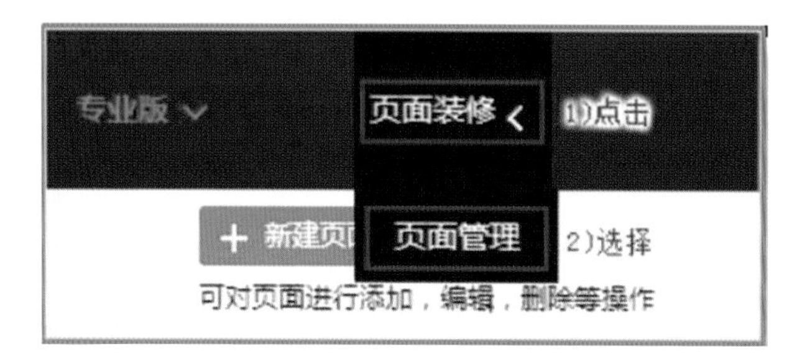

图 9-5　页面装修

图 9-6　填写页面名称

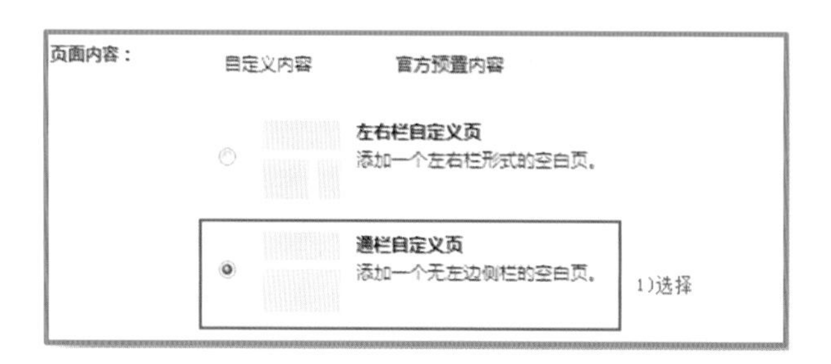

图 9-7　自定义页面

任务二
单独促销活动页的设计

促销活动页可以展现的内容有很多，如热卖区、上新区、促销活动区等，下面以“圣诞节活动促销页”为例具体讲解(图 9-8)。

图 9-8　促销活动页设计

步骤一：新建文档填充背景颜色，在活动页设计中颜色可以说是重中之重。填充颜色注意深浅渐变，保持色彩美观、舒适。例如红色，红色是一种鲜艳的颜色，象征着喜庆，其能更好地营造圣诞氛围。

步骤二：设计主题。主题就是整个设计氛围的一个元素，为了更好地衬托出商品的营销主题，以“诞旦有礼惠翻天”为主要设计部分，以圣诞老人、礼品盒、星星等为点缀，烘托活动海报氛围，这是整个设计显眼的地方，要突出活动主题又不能占据商品的主导地位(图 9-9)。

图 9-9　促销活动页背景设计

步骤三:设计产品。围绕两款吸尘器来设计圣诞元旦双节活动促销海报,这是整个海报设计的中心,两款产品采用上下排版,简洁明了(图 9-10)。

步骤四:文字排版。一个好的文字排版能够让人的视觉感到舒适,通过左右结构将文字置于画面左侧,使画面达到平衡。设计是需要带入感情的,让人能够体验到感情,表达我们的情感(图 9-11)。

图 9-10　促销活动页产品设计

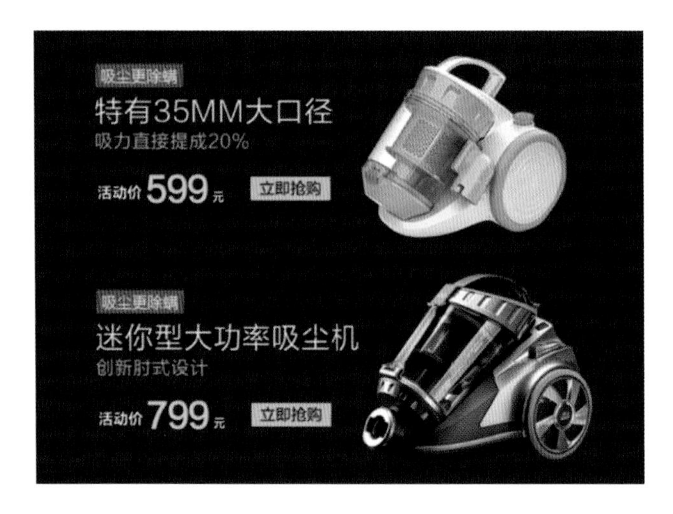

图 9-11　促销活动页文字排版

项目总结

虽然自定义空间给了卖家自由发挥的空间,但不同的平台自定义的设计要求也不一样,设计师需遵循各个平台的规则,根据实际需求设计出具有某些特殊功能或独特的自定义页面。

思考与练习

1. 搜索不同风格的自定义页面并进行讲解。

2. 以吸尘器为例来制作"圣诞节"活动促销页,产品从淘宝上随机选出。从包图网或花瓣网收集"圣诞"活动素材,制作活动页主题文字,两张产品素材图上下排列,采用左文右图结构。

Dianshang Meigong Sheji ji Yingyong

项目十

手机端店铺及设计

参考文献
References

[1] 张亚利,房强.电商美工 [M].成都:电子科技大学出版社,2019.
[2] 闫寒.网店美工与视觉设计[M].北京:人民邮电出版社,2019.
[3] 蔡雪梅.电商训练营:网店美工[M].北京:人民邮电出版社,2019.
[4] https://jingyan.baidu.com/album/647f0115eba6b17f2148a8f1.html? picindex=5.